冶金固废资源利用新技术丛书

热态钢渣与污泥耦合处理技术

肖永力　苏福永　著

北　京
冶　金　工　业　出　版　社
2023

内 容 提 要

本书首先介绍了不同类型钢渣的来源、成渣特点以及钢渣的物理化学性质、钢铁厂污泥的物理化学性质，在此基础上提出了利用高温钢渣的余热资源烘干污泥，此过程实现钢渣和污泥耦合处理的工艺思想，进一步阐述了相关质热耦合技术的热动力学理论以及耦合处理过程的仿真分析，从理论层面总结了渣的物理化学特点，确定了热态钢渣与污泥耦合处理工艺的可行性。最后通过钢渣与污泥耦合处理过程的实验研究，给出了该技术的工艺、原理、工程实施方法及实施效果。

本书可供冶金、环境及资源综合利用相关领域的科研、设计、生产、教学人员阅读参考。

图书在版编目(CIP)数据

热态钢渣与污泥耦合处理技术/肖永力，苏福永著.—北京：冶金工业出版社，2023.4

(冶金固废资源利用新技术丛书)

ISBN 978-7-5024-9445-2

Ⅰ.①热…　Ⅱ.①肖…　②苏…　Ⅲ.①钢渣处理—研究　②污泥处理—研究　Ⅳ.①TF341.8　②X703

中国国家版本馆 CIP 数据核字(2023)第 049722 号

热态钢渣与污泥耦合处理技术

出版发行 冶金工业出版社　　**电　话** (010)64027926
地　址 北京市东城区嵩祝院北巷 39 号　　**邮　编** 100009
网　址 www.mip1953.com　　**电子信箱** service@mip1953.com

责任编辑 刘小峰　赵缘园　美术编辑 彭子赫　版式设计 郑小利
责任校对 梁江凤　责任印制 禹　蕊
北京捷迅佳彩印刷有限公司印刷
2023 年 4 月第 1 版，2023 年 4 月第 1 次印刷
710mm×1000mm 1/16；10 印张；195 千字；152 页
定价 120.00 元

投稿电话 (010)64027932　投稿信箱 tougao@cnmip.com.cn
营销中心电话 (010)64044283
冶金工业出版社天猫旗舰店 yjgycbs.tmall.com
(本书如有印装质量问题，本社营销中心负责退换)

前　言

钢铁被称为工业粮食，是国家工业安全的基石。中国钢铁产量从1996年起已经连续20余年雄踞世界第一，在中国钢铁工业飞速发展的同时，整个行业资源紧缺，尤其是面临碳减排的巨大压力。钢铁固废资源的协同处置和资源利用，是破解这一难题的有效途径之一。

在现代钢铁生产过程中，炼铁工序、炼钢工序等都会产生大量的高温废渣。高温废渣产量庞大，约占全部固废总量的70%。炉渣出炉温度可达1600℃，现有的渣处理工艺几乎全部是用水来冷却，渣的潜热被转化成低温热水和蒸汽，造成大量的余热资源被浪费。随着社会飞速发展，各类污泥的污染也日趋严重。工业污泥含水率高且脱水困难，成分非常复杂，含有铜、锌、镉、镍、铬、铅、汞等有害有毒重金属。污泥干燥是一个能量净支出的过程，每去除1kg水的能耗高达2700~3500kJ。能耗费用在一个标准干化系统运行成本中的比例超过80%，高成本问题严重制约污泥处理技术的发展。面对以上两大技术难题，作者根据20多年的固废处理研发经验，提出了热态钢渣与污泥耦合的工艺思想，借助滚筒技术平台，将高温钢渣进行降温粒化，将其放出的热量用于工业污泥干化，试验表明该技术可最大限度利用钢渣余热烘干污泥，经济和社会效益巨大。

滚筒设备是工业界最为常见的颗粒物料处理设备，能够强化颗粒之间的运动、传热等行为，被广泛用于颗粒的混合、干燥、破碎以及反应等单元操作中。从1995年起，宝钢率先在钢铁行业开发了利用滚筒原理处理高温钢渣的工艺和成套装备，经过20多年的持续创新和完善，覆盖了炼钢工序全部高温熔渣的处理。处理过程中采用钢球对钢渣进行粒化处理，同时采用水作为冷却剂对钢球进行冷却。该技术实现了渣处理过程的短流程、清洁化和智能化，除在宝武集团全面推广外，还推广到浦项、TATA、JSW、台湾中钢、邯钢、青钢等国内外知名钢铁企业，并荣获国家技术发明奖和世界钢协技术创新奖。

采用滚筒技术对钢渣和污泥进行耦合处理，利用污泥代替水作为高温钢渣的冷却剂，不但节约了钢渣处理过程的新水消耗，而且利用钢渣带有的丰富余热对高含水率的污泥进行干化，既可大幅度降低污泥干化成本，又可将高温钢渣的余热进行高效利用，其潜在价值非常可观。

本书对滚筒法热态钢渣与污泥耦合处理技术进行了详细叙述，介绍了钢渣与工业污泥的物理化学性质，描述了耦合处理过程的数学模型，对耦合处理过程的模拟仿真结果进行了分析和试验验证，并详细提出了工程实施方案。

作者衷心感谢所有对滚筒法热态钢渣与污泥耦合处理技术提供帮助的前辈、同行和朋友，感谢中国宝武集团各级领导的大力支持！在技术研发和本书成稿过程中，得到了我的导师华东理工大学汪华林教授及其学术团队，以及宝武中央研究院热态渣团队的大力支持和无私帮助；北京科技大学温治教授给予了指导，苏福永教授参与本书编写工作，付出了大量努力，在此一并致谢。本书在编写过程中参考了大量文献，在此对文献作者也表示深深感谢。

书中疏漏和不足之处，恳请广大读者批评指正。

肖永力

2023年1月于上海

目　录

1　绪论 ………………………………………………………………………… 1
1.1　无废社会对钢铁固废处理技术的总体要求 ………………………… 1
1.2　钢铁厂余热资源分析及钢渣处理技术现状 ………………………… 2
1.2.1　钢铁厂余热资源分析 ………………………………………… 2
1.2.2　物理余热回收方法 …………………………………………… 5
1.2.3　化学余热回收方法 …………………………………………… 6
1.2.4　其他余热回收方法 …………………………………………… 6
1.3　污泥热干燥处理及干燥过程研究现状 ……………………………… 7
1.4　滚筒内颗粒运动及传热过程研究现状 ……………………………… 11
1.4.1　运动过程研究 ………………………………………………… 11
1.4.2　传热过程研究 ………………………………………………… 15
1.5　本书研究内容及研究路线 …………………………………………… 16

2　高温钢渣的热物理参数及其主要性能 ………………………………… 18
2.1　钢渣的密度 …………………………………………………………… 19
2.2　钢渣的熔点 …………………………………………………………… 20
2.3　钢渣的黏度 …………………………………………………………… 21
2.4　钢渣的焓 ……………………………………………………………… 23
2.5　钢渣的导热性 ………………………………………………………… 24

3　钢铁厂污泥特性及干燥技术现状 ……………………………………… 25
3.1　钢铁厂污泥的理化性能分析 ………………………………………… 25
3.1.1　组分分析 ……………………………………………………… 26
3.1.2　粒度分析 ……………………………………………………… 29
3.1.3　干泥密度 ……………………………………………………… 31
3.1.4　干泥导热系数和比热容 ……………………………………… 32
3.1.5　表观形态与含水率关系 ……………………………………… 33
3.1.6　吸水膨胀效果与含水率关系 ………………………………… 35
3.1.7　干燥过程热重分析 …………………………………………… 35

3.2　污泥热干燥处理及干燥过程研究现状 …… 38
3.2.1　污泥热干燥处理技术 …… 38
3.2.2　关键干燥参数 …… 39
3.2.3　常见干燥模型 …… 43

4　污泥与高温钢渣耦合处理数学模型 …… 46
4.1　耦合处理过程物理模型 …… 46
4.2　简化假设 …… 46
4.3　物料运动、黏结及破碎过程数学模型 …… 47
4.3.1　运动方程模型 …… 47
4.3.2　接触力计算模型 …… 48
4.3.3　运动过程模型求解 …… 52
4.4　多尺寸颗粒系统传热传质模型 …… 55
4.4.1　颗粒间导热过程模型 …… 56
4.4.2　颗粒与气体的对流换热模型 …… 60
4.4.3　颗粒与气体及颗粒间辐射换热模型 …… 60
4.4.4　冷却介质吸热模型 …… 63
4.4.5　熔渣冲击圆球传热模型 …… 66
4.4.6　颗粒与壁面间换热模型 …… 67
4.5　水分迁移及蒸发过程模型 …… 69
4.6　数学模型的验证 …… 71
4.6.1　实验系统组成 …… 71
4.6.2　实验内容及方案 …… 73
4.6.3　污泥干燥实验结果及模拟结果对比分析 …… 74

5　污泥与高温钢渣耦合处理模拟分析 …… 76
5.1　颗粒运动过程模拟结果分析 …… 76
5.1.1　钢球运动过程分析 …… 76
5.1.2　钢球与炉渣混合过程分析 …… 77
5.1.3　炉渣块体破碎过程分析 …… 81
5.1.4　钢球与炉渣及污泥混合过程分析 …… 87
5.2　滚筒内传热传质过程模拟仿真分析 …… 96
5.2.1　不添加冷却介质时钢球与炉渣传热过程模拟结果分析 …… 96
5.2.2　添加冷却水时钢球与炉渣传热过程模拟结果分析 …… 97
5.2.3　污泥、钢球与炉渣及泥球传热传质过程模拟结果分析 …… 101

6　钢渣与污泥耦合处理工程方案 …… 108
6.1　钢渣与污泥耦合处理中试试验 …… 108
6.1.1　污泥的理化性能分析 …… 108
6.1.2　污泥焙烧试验 …… 114
6.1.3　试验方案及结果分析 …… 137
6.2　钢渣与污泥耦合处理工程方案设想 …… 138
6.2.1　耦合处理工艺流程 …… 138
6.2.2　耦合处理工程方案 …… 139
6.2.3　耦合处理预期效果 …… 142

7　结论及展望 …… 144
7.1　结论 …… 144
7.2　展望 …… 146

参考文献 …… 147

1 绪　论

随着我国经济的发展，节能减排工作的重要性越来越突出，已经成为国家的整个战略目标之一。钢铁工业是能源消耗巨大的行业，其生产过程中会产生大量的废弃物及余热资源，但目前的相关回收手段仍旧不足。

1.1 无废社会对钢铁固废处理技术的总体要求

废弃物减量化和资源化利用水平是国家现代化水平的明显标志，也是生态文明建设的重要指标。当前社会是一个吞噬资源的消耗体，很多资源和能源都是不可再生的。因此，国家将“无废社会”作为建设目标，就是把社会从资源消耗体转变成资源利用的循环体，旨在最终实现最大限度地减少固体废物产生量和最大限度地增加固体废物的资源化利用。

钢铁行业是国民经济的基础产业，但同时也是一个高能耗、高排放的行业，整个钢铁产业链中固体废弃物的排放量巨大，一般每生产1t钢约产生600~800kg的固废[1]。由于钢铁企业生产流程长，其生产工序包括焦化过程、烧结过程、球团过程、高炉炼铁过程、转（电）炉炼钢过程及轧钢过程等，工艺复杂，各环节产生的固体废弃物种数量大、性质不同[2-8]，主要可分为图1-1所示的四大类。

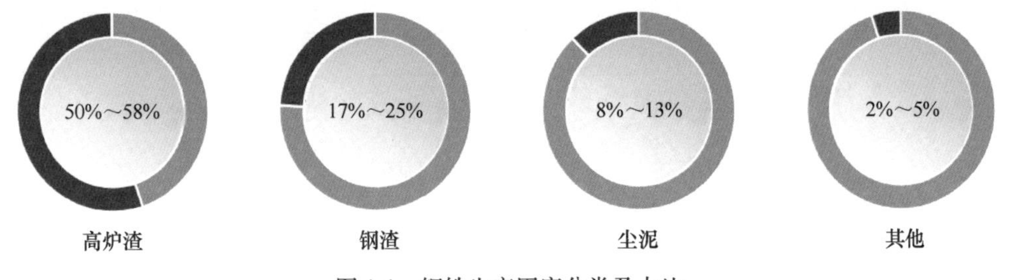

图1-1　钢铁生产固废分类及占比

要实现钢铁工业的可持续发展，就必须要打造多样化功能，努力提升“钢铁产品生产制造”“能源转换利用”和“废弃物减量与资源化”的综合处理能力[9]，紧紧围绕“系统节能减排、发展循环经济、建立节约型企业、实现废弃物再利用、保护环境、打造绿色钢铁”的指导方针，积极探索钢铁工业固体废弃物实现资源化处理的新途径和新技术[10]。

“无废社会”对钢铁固废处理技术的要求有三个：

(1) 减量化。一方面，在生产中减少废物的产生量。另一方面，废物大多疏松膨胀且体积庞大，运输成本较高，而且占用大量土地面积进行堆填，因此将固体废物进行压缩、浓缩或无害焚化等处理，使体积缩小，可方便运输堆填或回收利用，为生态环境减负。

(2) 资源化。将废物进行处理，和可回收物一同作为原料进入各个生产环节，只有废物最终转化为产品，才算是资源化。

(3) 无害化。将固废内的化学性有害物质、高温废物等，进行无害化或安全化处理处置，使之达到排放标准。

1.2 钢铁厂余热资源分析及钢渣处理技术现状

1.2.1 钢铁厂余热资源分析

在钢铁生产流程中，每一道工序均会产生大量的余热，例如焦炉荒煤气显热、红焦显热、热风炉烟气显热、烧结矿显热、加热炉烟气显热、高炉熔渣显热、转炉熔渣显热等。钢铁制造流程余热余能网络节点示意图如图 1-2 所示。

以存储于固体的余热废为例（后文简称“固态余热”），钢铁生产流程中涉及的主要热设备及余热回收利用情况汇总如表 1-1 所示。

表 1-1 钢铁生产流程主要固态余热资源汇总表

工序	热设备	载能体	温度/℃	余热回收方式	回收后温度/℃
炼铁	焦炉	焦炭	950~1050	干熄炉	180~220
	烧结机	烧结矿	600~800	环冷机	100~200
	回转窑	球团矿	1200~1300	环冷机	100~200
	高炉	炉渣	1500~1600	水冲渣	80~100
炼钢	转炉	炉渣	1500~1600	热闷法	<200
	电炉	炉渣	1500~1600	—	—
轧钢	均热炉	钢锭	400~800	热装热送	—
	加热炉	钢坯	400~800	热装热送	—

从图 1-2 和表 1-1 中可以看出，焦化工序产生的固态余热主要为红焦显热，主要采用干熄焦技术（CDQ）进行余热回收[11]。烧结工序产生的固态余热主要为高温烧结矿，大多数钢铁企业采用环冷机来进行冷却，同时产生高温的环冷废气，通过对环冷废气进行余热利用来进行烧结固态余热的回收。炼铁工序产生的固态余热主要为熔融态的高炉渣，目前没有较为合适的余热回收手段，目前主要采用水淬技术对其进行冷却，但新水消耗量极大（消耗 1.0~1.2t 水/t 渣）[12]，最终得到高炉冲渣水和冲渣蒸汽。炼钢工序产生的固态余热主要为熔融态的钢渣，目前尚没有合理的余热回收手段。轧钢工序产生的固态余热主要为高温钢

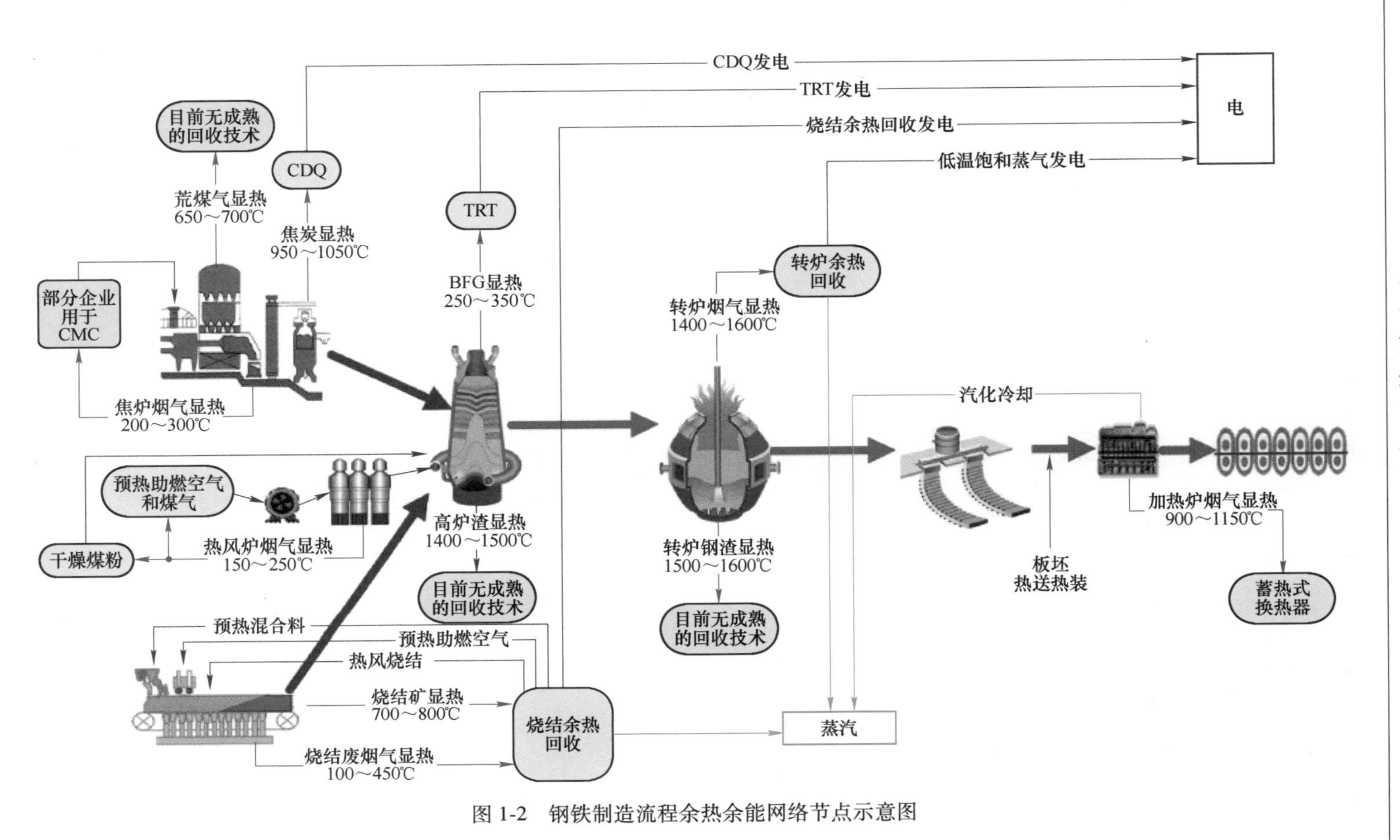

图 1-2 钢铁制造流程余热余能网络节点示意图

锭、钢坯，一般采用热装热送的方式来减少热量损失。

综上所述，目前钢铁行业的固态余热中，主要是熔渣（高炉渣和钢渣）还没有大范围推广的工业化高效余热回收手段。熔渣作为生产过程中的一种副产品，其产量庞大（高炉渣：300kg/t 铁水，钢渣：80～150kg/t 钢），在极高的温度下被排出，携带大量的高品位热量（60.4kgce/t 高炉渣，38.6kgce/t 钢渣），占钢铁行业能源消耗的 10%，占高温余热资源的 35%（高炉渣 28%+钢渣 7%）[12-15]。其余热回收难点主要在于其导热系数低、黏度变化快和熔融渣凝结问题上。

目前，学者们提出的大量用于冶金熔渣处理及余热回收的技术，以物理回收方法和化学回收方法为主，也有学者提出其他回收方法。下面筛选出可用于钢渣的技术，如表 1-2 所示。

表 1-2　冶金渣能源回收方法比较

方法	类型	研究者	渣类型	热回收效率	应用情况	研究进展
物理回收方法	湿式	PW 公司（卢森堡） 图拉钢铁厂（乌克兰） RASA 公司（英国）	水渣 块状	20%～60%	冶金渣用于道路地基回填；回收余热用于供暖	工业化应用
	半干式	太钢（中国） 宝钢（中国） 马钢（中国）	矿粉微渣 粉状 （需磨细）	20%～40%	冶金渣磨细后用于建材原材料替代；回收余热用于供暖或低压发电	工业化应用
	干式	NKK 公司（日本） 住友金属（日本） 澳钢公司（澳洲） Redcar 公司（英国）	粒化渣 颗粒状	40%～70%	冶金渣用于建材生产，冶金原料及生态治理等；回收余热用于发电，预热气体等	工业化实验及部分应用
化学回收方法	甲烷-水蒸气	Kasai 等（日本）	粒化渣 颗粒状	70%～85%	冶金渣用于建材生产等；回收余热用于制氢，制 CO 气体等	理论分析
	甲烷重整制氢	Maruoka 等（日本）	粒化渣 颗粒状	80%～95%	冶金渣用于建材生产等；回收余热用于制氢，制 CO 气体等	实验室研究
	煤气化	刘宏雄等（中国）	粒化渣 颗粒状	80%～90%	冶金渣用于建材生产等；回收余热用于煤气化	实验室研究
其他回收方法	相变/热电材料	D. Rowe 等（英国）	/	/	回收余热用于发电	理论分析

1.2.2 物理余热回收方法

物理回收方法主要是通过直接接触介质将熔渣所含热量转移，再通过对介质的热能转化进行回收。优点为：余热回收系统相对简单，便于实施；用水、空气直接或间接换热，技术相对成熟；没有其他物质进入渣中。缺点为：回收的热量能级有所下降，存在能量的二次损失。按照接触介质不同，可以分为湿法、半干法及干法余热回收。表 1-3 给出目前的湿法工艺和干法工艺现状比较。

表 1-3 冶金渣处理工艺现状

工艺	方法	概述	开发国家
湿法粒化	底滤（OCP）法	渣水混合物进入沉渣池，采用抓斗吊车抓渣，渣池内的水通过底部过滤层排出	国内采用最多的传统方法
	拉萨（RASA）法	水淬后的渣浆经泵输送到脱水槽脱水	英国 RASA 公司与日本钢管公司共同开发
	因巴（INBA）法	经水淬后的水渣流到转鼓脱水器进行脱水	卢森堡 PW 公司与比利时西德马公司共同开发
	图拉（TYNA）法	经机械粒化后水渣流到转鼓脱水器进行脱水	中俄共同发明
	明特克（MTC）法	核心设备：特殊设计的螺旋输送机和过滤器	首钢与北京明特克冶金炉公司开发
干法粒化	风淬法	高炉渣与空气直接接触进行粒化回收热量	日本、德国 瑞典、韩国
	滚筒转鼓法	滚筒转动带动熔渣形成薄片，并通入流体迅速冷却成薄片状熔渣	日本 NKK 公司
	离心粒化法	熔渣流到转杯/转盘中心，在离心力作用下在转杯边缘被粒化	日本、英国 澳大利亚

(1) 湿法余热回收。湿法余热回收主要以水为直接介质，通过泼洒、浸泡、淋浴等方式将熔渣显热转移至冷却水中，再通过热水进行热能转化利用。主要代表方法有因巴法（INBA）、图拉法（TYNA）、拉萨法（RASA）、底滤法（OCP）以及明特克法（MTC）。湿法发展较早，已普遍应用于工业生产中，余热回收率在 20%~60%之间，但由于回收热水的品位较低，其余热利用普遍停留在供暖、供热等领域。

(2) 半干法余热回收。半干法余热回收主要以水和空气或其他介质为媒介对冶金渣进行热量回收。通过水冷-空冷的联合方式等，将热能转移至热空气中进行利用。较有代表性的方法如中国太原钢铁公司的热泼法、中国唐山钢铁公司的热闷法等。但是由于半干法通常处于开放式环境或者半开放式环境中，因此对余热的回收利用率较低，在20%~40%之间，且均存在环境污染。另外，由于余热主要以高压水蒸气方式进行回收，因间断工艺而导致蒸汽不连续，对余热回收带来较大难度，此类方法现已逐步淘汰。

（3）干法余热回收。干法余热回收主要以空气或其他保护气体为介质，对高温熔渣进行接触换热，通过空气流或其他机械装置对熔渣进行快速粒化和冷却，最终以热空气或高温冷却媒为载体进行热能回收，在一定程度上解决了湿法与半干法存在的问题。干法余热回收效率普遍在45%以上，且通过机械或气体冲击手段处理的冶金渣最终呈颗粒状，具有较大的潜在利用价值。干法余热回收的主要代表方法有风淬法、滚筒转鼓法和离心粒化法。

1.2.3　化学余热回收方法

冶金渣的化学回收方法即在热回收过程中，利用熔渣与换热介质进行直接反应，从而将热能转换为化学能进行回收利用。优点为：将热能转化为化学能，实现余热的高品质回收；更加符合钢铁企业“材料生产基地—能源转化基地—废弃物处理基地”的目标定位。缺点为：余热回收系统复杂，还处于初步探索研究阶段，短期内难以推广应用。

目前具备一定理论和实验基础的化学回收方法主要以高炉渣为处理对象，甲烷为反应介质。不同于物理法，主要有以下几种反应过程。

（1）甲烷-水蒸气反应过程。日本学者Kasai等[16]提出利用CH_4和H_2O混合气体为介质与高温高炉渣进行换热从而粒化的方法，通过吸热反应$CH_4+H_2O=CO+3H_2$将熔渣部分热能转化为化学能，并通过喷水转换为水蒸气进一步冷却高炉渣，且补充反应所需H_2O。

（2）甲烷重整制氢过程。日本学者Maruoka[17]利用上述反应，将高炉渣先通过旋转杯装置粒化，在位于粒化装置下方的移动床底部通入CH_4和H_2O混合气作为介质冷却熔渣，并在移动床内与粒化渣进行换热，高炉渣作为催化剂将介质转化为CO和H_2混合气。

（3）煤气化反应过程。中国学者刘宏雄等[18]提出了将煤粉先与高炉渣混合后在旋转杯装置进行粒化，并通入H_2O气体进行冷却，在粒化装置内部H_2O气体与煤粉发生煤气化反应生成CO气体。

1.2.4　其他余热回收方法

除物理与化学回收方法以外，目前还有其他方式对冶金渣进行能源回收利用的方法，诸如将冶金渣余热资源进行热电相变材料回收和直接产品制备。

D. Rowe[19]等提出以热电回收方法，通过热电材料可以对高温熔渣进行热量回收。回收过程安全，无污染，发电效益高，但对过高温度的熔融状态尚未有可适应的热电材料回收方法研究。相变材料则是通过布满相变换热片的换热器将冶金渣的显热通过对流和辐射形式在一定温度区间下进行回收，但目前该方法尚停留在理论基础研究上。

近年来研究表明，除了对冶金渣的间接热量回收外，可以通过直接转换的方法将高温冶金熔渣制备成高附加价值的材料。Agarwal 等[20]利用高炉渣制备了微晶玻璃，因其具有优良的抗腐蚀性和结构强度被广泛应用在建筑领域；Goktas 等[21]利用高炉渣及钢渣制备了透明玻璃及彩色玻璃陶瓷等。

1.3 污泥热干燥处理及干燥过程研究现状

污泥在出厂处理过程的主要步骤包括浓缩、消化和脱水。经过处理后其含水率依然很高，高含水率的污泥体积十分庞大，后续运输过程成本及处理设备成本居高不下，这些因素使得污泥的整体利用率不高。因此，污泥在出厂后还需要进行进一步的干燥处理，使水分和固体分离[22]。

干燥过程可以使污泥进行深度脱水，污泥干燥通过使用外部热量加热污泥使污泥温度升高，同时使污泥内部水分蒸发去除[23-27]。其意义在于：（1）使污泥显著减容，体积可以减少70%以上，即“无废社会”中要求的“减量化”；（2）提高污泥含固率，从而提高可利用率；（3）水分蒸发后，污泥内的重金属成分得以固化在内部，不会因为污泥渗滤液流出导致重金属污染的问题；（4）对于有机污泥，通过污泥的干燥处理，可以减少臭味并有效减少病原体数量，可以有效改善产品性状。

污泥干燥的方法很多，主要包括气固体外部热源干燥、太阳能加热干燥、微波干燥，以及其他方法，如生物干燥、超声波干燥、油炸干燥等[28-30]。下面以热干燥技术为例，介绍其相关技术和研究。

Crank[31]首先根据菲克（Fick）扩散微分方程（数学模型）来描述典型形状均匀物体（平板、圆柱和圆球）内部的扩散系数恒定的一维稳态和非稳态物质扩散过程。然后建立了描述扩散系数非恒定情况（与时间或浓度相关）的多维扩散过程数学模型，并给出相应数学求解方法，给出扩散系数的定义及测量方法。最后给出针对特殊情况的扩散模型，如非菲克扩散、非均匀物体内部扩散、动态边界、扩散与化学反应耦合的过程以及水分扩散与传热耦合的过程等。此研究为后人的谷物干燥、蔬菜干燥、污泥干燥等研究奠定了理论基础。

Chen 等[32]综述了污泥脱水和干燥的文献（包括专利），包括真空过滤器、带式压滤机、离心机、直接干燥机、间接干燥机和组合模式干燥系统。并且介绍了污泥的基本特征和污泥中水分的存在形式，以及测定结合水含量的方法。文章指出，当前的污泥干燥技术大多是从其他行业转化而来，缺乏基础理论研究和实验研究，从而有能耗高、热效率低及污染重等一系列问题。这都是致使污泥干燥技术至今尚未推广应用的原因。

Vaxelaire 等[33]回顾了活性污泥中水分形态的分类和测量问题，比较和讨论用于该测量的主要技术（干燥法、冷冻法、机械应变法和等温吸附），评价了水结合能的估算方法，讨论了这种分析方法在检测活性污泥调理和脱水方面的应用。文中指出，污泥内水分有 4 类：自由水、结合水、吸附水及细胞水；薄层干燥过程分 4 个阶段：预干燥段、恒速干燥段、第一降速干燥段及第二降速干燥段。

干燥过程的研究有很多，按照污泥的几何形状可分为：薄层干燥过程（可简化为无限大平板）和颗粒干燥过程（可简化为圆球或圆柱）两种。

（1）薄层干燥过程。早期人们对薄层污泥干燥过程的研究一般都会或多或少地涉及如下过程：实验研究污泥薄层在不同工况（干燥气流介质、气流速度、气流温度、薄层厚度、污泥种类等）下的干燥过程，获得污泥水分比 MR 或干基含水率与时间 t 的关系曲线，获得污泥水分比或干基含水率与干燥速率的关系曲线；利用多个前人提出的描述干燥过程物料水分比与时间关系的经验干燥（数学）模型（经验拟合公式）对实验结果进行拟合获得相应拟合式，并选出拟合效果最优的模型；利用菲克（Fick）第二定律的推导出来的描述物料水分比与时间关系的方程对实验结果进行拟合获得不同工况下污泥干燥过程的平均水分有效扩散系数 D_{eff}；利用阿伦尼乌斯（Arrhenius）方程对不同工况下平均有效扩散系数进行拟合得平均水分扩散活化能 E_{a}。随着时间的推移，研究工况更加复杂，研究内容更加深入，相应理论也得到发展。下面是典型文献的综述：

Reyes 等[34]首先通过实验的方法对于不同空气温度和空气流速薄层污泥的干燥特性进行了分析，并在此基础上提出了三个污泥干燥过程的数学模型：针对降速干燥阶段通过 Fick 第二定律建立了考虑水分有效扩散系数的污泥干燥模型、针对降速干燥阶段基于 Kudra 提出的准静态改进方法[35]建立了半理论的污泥干燥模型以及针对恒速和降速干燥阶段基于 Efremov 提出的描述毛细管多孔材料（如皮革、纸张、棉花和泥炭等）对流干燥过程的模型[36]建立了污泥干燥模型；最后提出了描述干燥过程的无量纲方程。

姜瑞勋[37]实验研究了空气温度在 80~150℃范围下，不同空气流速对污泥干燥过程的影响，并将特性参数带入薄层模型进行分析，发现 Logarithmic 模型最优。在此基础上，应用 Fick 扩散模型得到研究条件下污泥干燥的有效扩散系数的变化范围，并根据 Arrhenins 经验公式建立温度与扩散系数的关系，得到污泥干燥时水分扩散的活化能。

刘凯[38,39]以采用实验研究的方式，对造纸污泥和市政污泥进行干燥和焚烧的实验研究，得到了该种类污泥的干燥特性。在实验研究基础上，建立了恒温干燥模型，发现 Modified Page 模型最优，并求出有效扩散系数范围和水分扩散活化能。然后基于干燥研究结果，对污泥微藻及其混合物的燃烧特性和燃烧动力学进行研究。最后通过对整个研究过程的物料平衡和热量平衡进行计算和对排放物的分析，从而对该种市政污泥处理对生态环境的影响。

值得注意的是，传统的干燥法测定有效扩散系数计算时往往粗略认为水分比 $\ln MR$ 和时间 t 呈线性关系，拟合只能求得平均有效扩散系数。针对此问题，Thuwapanichayanan[40] 和 Celmaa[41] 等改进了污泥的干燥过程模型，提出有效扩散系数是随着污泥含水率的变化而变化的，从而引入傅里叶数（$Fo = D_{eff}t/L$）来表征水分比，从而进一步求解污泥薄层干燥有效扩散系数，包括随着不同水分比对应的瞬时值和全过程平均值（该方法称为傅里叶数法）。

另外，针对前人采用平均有效扩散系数的方法，有学者提出由于该类模型仅仅在描述干燥的降速段时比较准确，而对干燥的初始段不能很好地描述，同时它的解是一个无穷级数，进行数据拟合是十分困难的，如果进行简化（取第一项）会造成计算精度的降低。Silva[42] 提出了一种通过优化卡方拟合优度来搜索模型中平均有效扩散系数的方法（该方法也被称为优化搜索法）。

Bennamoun[43] 以 Fick 第二定律为基础，建立有限圆平板的模型，该模型充分考虑了污泥干燥过程的收缩特性，推导了在这种状况下的对流传质系数表达式，计算结果表明在考虑收缩现象的情况下，其水分扩散系数和对流传质系数大约是不考虑收缩时的一半。

马怡光[44] 研究了采用过热蒸汽干燥污泥的情况下，污泥不同厚度和不同蒸汽温度对干燥的影响规律，设计了一台污泥过热蒸汽干燥实验装置，深入探究了污泥厚度、过热蒸汽温度对污泥干燥过程的影响规律。

张绪坤团队[45-48] 实验研究了过热蒸汽和热风两种干燥介质在不同温度不同风速下干燥不同厚度的薄层污泥过程，并利用多个经验干燥模型（经验拟合式）对实验过程进行拟合，获得相应的最优模型，同时求取相应的平均水分有效扩散系数和平均水分扩散活化能。也尝试用前人的傅里叶数法、优化搜索法、叠加技术、Weibull 分布函数法等对污泥干燥过程进行模拟[49,50]，还对污泥干燥收缩特性进行研究[51,52]。

郑龙等[53] 以脱水污泥在低温下的干燥特性为研究重点，通过进行实验研究，得到了温度和相对湿度对污泥含水率的影响，根据试验数据建立了污泥水分迁移动力学模型，并与 6 种常用薄层干燥模型进行对比，得到最优描述模型。

除了污泥薄层干燥，其他物质的薄层干燥研究也有着相似的方法，如坚果干燥[54]、谷物干燥[55]、蔬菜干燥[56-58] 及水果干燥[59-61] 等。

（2）颗粒干燥过程。Vaxelaire 等[62] 针对 PVC 污泥和活性污泥，通过对流实验对相同风速但不同温度不同相对湿度的环境下泥球的干燥过程进行研究，获得了相应的干燥动力学曲线以及将前人的“干燥势能（thermodynamical drying potential，kJ/kg 水蒸气）”概念用于表征污泥干燥至目标最终含水率情况下单位质量的当前状态污泥仍需吸收的热量。研究发现：直径 10mm 的活性污泥圆饼干燥 9000s 后，高度方向的边缘处水分接近于零，而颗粒中心处约为 80%，这说明当污泥在干燥过程中表层结壳时会阻碍污泥的传热传质，使其含水率出现明显的梯度，不过 PVC 污泥不存在含水率梯度问题；两种污泥在干燥过程中都出现了收缩现象。

李爱民等[63]通过热重实验和图像采集技术研究了三种形状（球状、饼状及柱状）污水污泥在干燥过程中的表观形态变化和水分析出特性。同时分析了污泥形状对水分迁移扩散的影响以及污泥在整个过程中孔隙率的变化。

马学文等[64-66]通过实验对不同粒径的圆球状城市污泥颗粒的低温（100~200℃）和高温（200~500℃）干燥特性（含水率、失重速率及表观形态等）进行研究，并对干燥完成的污泥进行粒径分析和热重分析考察其性质，最后结合利用烟气余热处理污泥技术提出了污泥干燥工艺的改进方法。研究发现：低温干燥过程可分为 4 个阶段，而高温干燥过程可分为 3 个阶段。后来通过实验对 100~300℃恒速干燥条件下饼状污泥和球状污泥的失重速率、干基质量变化进行考察，系统分析了不同形状污泥干燥特性的差异及造成这种差异的原因。结果表明，饼状污泥在干燥过程中会产生裂缝，并分裂成若干小块，而球状污泥仅仅会产生体积收缩，形状并未发生变化[67]。

吴静[68]在球形城市污泥颗粒干燥特性研究的基础上指导转筒干燥过程研究，通过结合污泥干燥参数对转筒干燥过程编程模拟，优化转筒干燥。其中，对污泥颗粒干燥过程的粒径变化简单认为是随干基含水率呈线性变化；根据 Fick 第二定律建立的球状污泥干燥模型包括：常扩散模型（假设干燥过程中有效扩散系数保持恒定）和简变扩散模型（考虑干燥过程中的收缩等形态变化，假设有效扩散系数与时间相关）。

张兆龙等[69,70]首先通过实验对比研究了相同质量不同比表面积（柱形、饼形和球形）的大尺寸城市污泥颗粒在不同干化温度下的干燥过程。然后参考前人的薄层污泥经验干化模型，建立了适用于大颗粒污泥热干化的经验模型。最后对污泥热干化释放出的废气特性进行了研究，对废气成分进行定性并考察废气释放可能存在的规律。

张绪坤等实验研究了单粒莲子在 50~90℃恒温和 60(2~4h)~80℃分段变温两种热风干燥方式下的表观变化、复水性、干燥能耗及干燥特性。一方面，尝试了多个经验干燥模型对单粒莲子干燥过程进行模拟分析，发现 Weibull 函数和 Midilli 模型可以很好地拟合单粒莲子的热风干燥过程，并通过 Weibull 函数计算不同干燥条件下的有效扩散系数[71]。另一方面，尝试了通过 Fick 第二定律计算不同干燥条件下的有效扩散系数[72]。

1.4 滚筒内颗粒运动及传热过程研究现状

1.4.1 运动过程研究

前人已对滚筒内颗粒物料运动过程进行了大量研究，在研究内容上主要集中在颗粒运动形态研究、颗粒混合分离研究以及颗粒运动模型研究三个方向。

1.4.1.1 颗粒运动形态

Henein 等[73]在颗粒运动形态的研究中，将颗粒在滚筒中的运行分成滑移、塌落、滚落、泻落、抛落和离心运动六种形式，并提出通过弗劳德数（Froude number）来表征颗粒的运动形态。但是，滚筒弗劳德系数的定义仅与滚筒的直径以及转动速度相关，难以准确评判滚筒颗粒的运动形态。

弗劳德数定义式：

$$Fr = \frac{\omega^2 R}{g} \tag{1-1}$$

式中 ω——滚筒旋转角速度，rad/s；

R——滚筒内半径，m；

g——重力加速度，m/s^2。

Mellmann[74]对颗粒运动形态继续深入研究，研究结果如图 1-3 所示，发现运动形态与弗劳德数、滚筒填充率、颗粒内摩擦系数、滚筒壁面摩擦系数、颗粒直径和滚筒直径之比以及颗粒动态和静态堆积角等因素有关，提出了评价颗粒运动形态转变的数学模型，并针对三种颗粒，总结出各自的运动形态和滚筒填充率的转变关系，如图 1-4 所示。

形态	滑移运动		泻落运动			抛落运动	
细分	滑移	起伏	塌落	滚落	泻落	抛落	离心
图示							
过程	滑移		混合			粉碎	离心
Fr	$0<Fr<10^{-4}$		$10^{-5}<Fr<10^{-4}$	$10^{-4}<Fr<10^{-2}$	$10^{-3}<Fr<10^{-1}$	$0.1<Fr<1$	$Fr\geq1$
应用	无应用		回转窑、回转反应器、干燥器、冷却器及混合回转鼓			球磨机	无应用

图 1-3 颗粒物料在滚筒内的径向运动形态

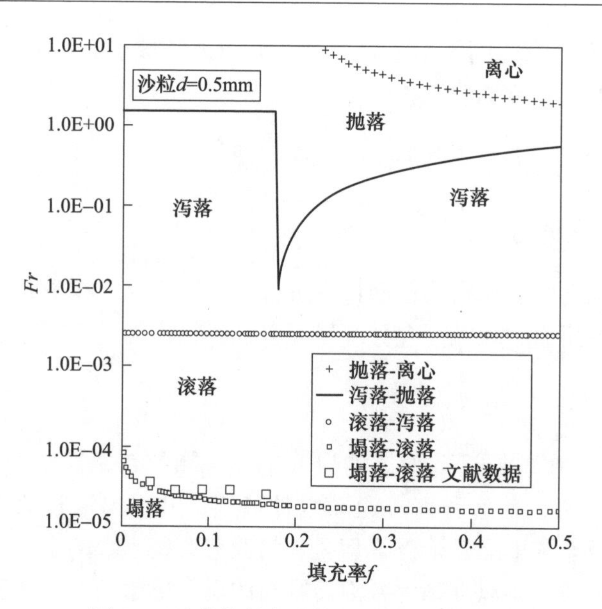

图 1-4　沙粒物料在滚筒内的运动形态图

滚筒干燥设备通常运行在抛落形态，在这种抛落形态，颗粒在滚筒内会上升到最高点后被抛洒，在这个过程中滚筒内的颗粒会与气体进行充分接触，这就提高了滚筒内污泥颗粒的干燥速率。此外，在该形态下，颗粒在滚筒内运动的过程中会发生相互碰撞，从而起到破碎和研磨的作用。

在滚筒运行过程中，颗粒的运行速度存在很大差异，根据速度差异可以将颗粒的区域分为 3 个区域：平流层、活动层和涡心，如图 1-5 所示。平流层中的颗

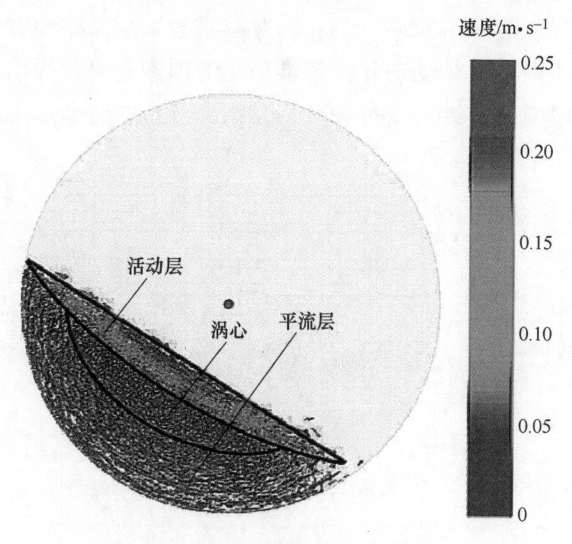

图 1-5　滚落运动模式下颗粒分区图

粒在滚筒的最底部，颗粒随着滚筒壁面一起运行，颗粒速度比较均匀；活动层中的颗粒处于整个颗粒区域的表面，在重力作用下会向低处落下，颗粒运行速度有快有慢，并形成稳定的动态休止角；涡心处的颗粒基本不发生位置变化，处于相对静止的状态[75]。

滚筒内颗粒系统的速度场具有一定共性，但也会受众多因素的影响而产生差异。Qi 等[76]采用 DEM 方法模拟了颗粒在不同滚筒直径情况下的运动状况，研究结果表明，直径比是影响径向速度场分布的决定性因素，而且径向速度场对颗粒某些物性参数影响显著。但是，该研究并没有考虑颗粒形状的影响。Wachs 等[77]研究了不同颗粒形状对颗粒在滚筒运动过程中休止角以及速度的影响，结果如图 1-6 所示。张立栋等[78]通过实验研究了影响颗粒在圆形偏心滚筒内运动状态的因素，分析了滚筒偏心距、填充率和转速对颗粒运动形态的影响。结果表明：转速和填充率是影响颗粒在圆形偏心滚筒内运动形态变化的主要因素，偏心距对其基本没有影响。

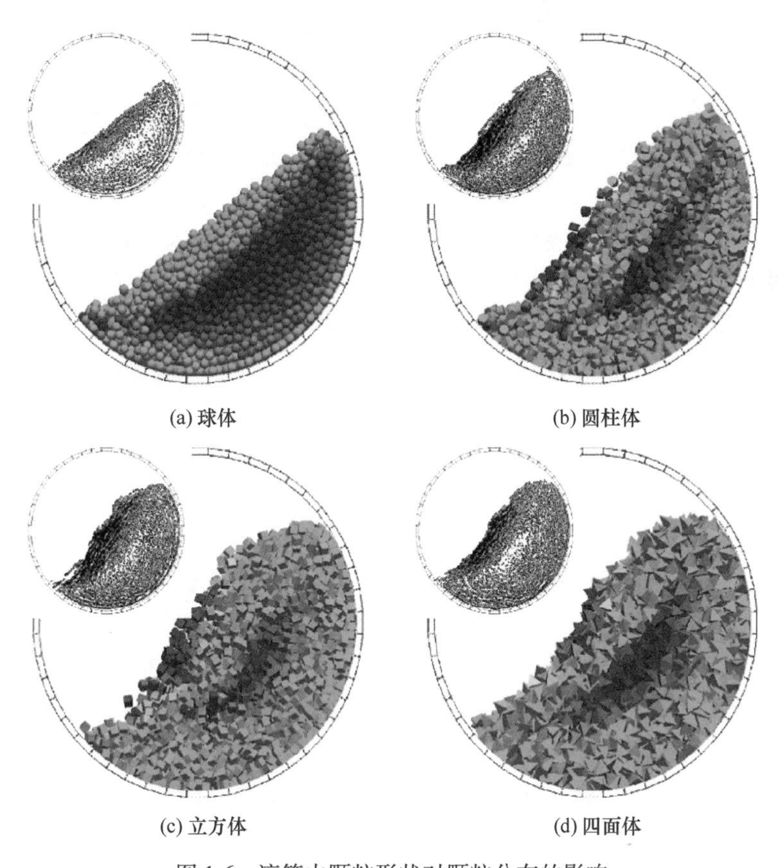

(a) 球体　(b) 圆柱体　(c) 立方体　(d) 四面体

图 1-6　滚筒内颗粒形状对颗粒分布的影响

1.4.1.2 颗粒混合偏析研究

颗粒混合，是指多种不同形式（颗粒粒径、形状等）颗粒在一起相互作用，产生位置、速度等因素的改变，最终各个组分颗粒均形成均匀分布的操作过程。颗粒间混合过程主要存在三种传输机制：对流（convection）、扩散（diffusion）和剪切（shear）[79-82]。对流可以描述为相邻粒子组的运动；扩散是粉末以接近粒子尺寸的比例运动；剪切的特征在于混合物内平面的滑动。一般情况下，颗粒的混合过程都不是一种机理在起作用，而是这三种都存在，但影响程度不同。

颗粒偏析（又称颗粒分离），就是在颗粒混合过程中由于颗粒尺寸、密度以及形状的差异，导致颗粒运动能力不同，从而性质相近的颗粒在同一部位大量富集的现象，这种现象会降低颗粒混合的均匀程度。不同颗粒在混合的同时也会存在分离的状况，分离模式主要有月亮模式与花瓣模式（太阳模式）[83]。

对大多数颗粒混合过程都可分为三个阶段[82]，即对流混合阶段、对流和剪切相互作用阶段和扩散混合阶段。在对流混合阶段，颗粒混合很快，这是因为该阶段的混合过程主要在宏观层面上。在这一阶段，对流环流运动起主导作用，扩散和偏析现象不明显。然而，在对流和剪切相互作用阶段，由于加速了扩散运动，颗粒的混合速度变慢。对流循环和扩散运动对混合过程的影响趋于相等。一段时间后，扩散运动起主导作用。最后，在分散混合阶段，混合和分离达到平衡。

近年来，固体颗粒的混合与偏析研究按颗粒种类可分为4种：相同颗粒的混合、不同直径颗粒的混合、不同密度颗粒的混合以及不同形状颗粒的混合。Schutyser等[84]研究了颗粒（不同颜色）在不同工况的滚筒内的径向混合过程，提出混合熵来表征颗粒混合过程。Kwapinska等[85]研究了不同操作参数对颗粒径向混合的影响，通过颗粒间的接触次数来研究混合机理，并通过接触次数的累计频率曲线的突变位置来确定混合时间。Zuriguel等[86]通过对滚筒内两种不同颗粒混合后的分离情况进行实验研究分析了花瓣形分离状况的形成和发展。耿凡等[87-89]通过DEM模拟，研究了两种颗粒形状（球形颗粒和杆形颗粒）在滚筒内的运动状况，研究采用了三维的模型进行模拟，研究的影响因素包括滚筒转速、抄板数目、抄板半径等。高红利等[90,91]通过DEM模拟，对S形（不同直径颗粒）二元颗粒体系混合过程进行研究，分析了液桥力和阻尼对颗粒体系混合行为及混合模式的影响。Chand等[92]发现侧板剪切作用对短滚筒内颗粒轴向和径向尺寸偏析的影响明显。Gui等[93]对比了正四面体和圆球颗粒在滚筒内的混合过程，发现混合熵比莱西指数能更好地评估混合，因为它可以反映流动状态从抛落状态到离心状态的真实变化，而相对标准偏差却不能。Liao[94]探讨了密度诱导的偏析与二元混合物在不同转速和填充度下的动力学性质之间的关系。研究了二元混合物在不同转速和填充度下因密度诱导的偏析动力学。He 等[95]研究了不同形状的二元颗粒混合，发现当椭球体-球体混合时，不同的椭球体长径比能带来完全相反的偏析现象，但在不同长径比的椭球体-椭球体混合过程中未能观察到偏析。另外，增加转速可降低偏析。

1.4.1.3 颗粒运动模型开发

早期的研究以简易模型为主。Kramers 等[96]在前人基础上建立了基于单颗粒轨迹运用几何分析计算颗粒平均停留时间（MRT）的模型。随着人们对滚筒颗粒运动的深入认识，模型把抄板影响考虑进去，把颗粒运动分为径向运动和轴向运动。径向运动用抄板持料撒料模型[97-99]来描述，该类模型的核心主要在抄板上颗粒截面积的计算上，另外该类模型还需考虑抄板的形式及数量；轴向运动通过停留时间模型来描述，该类模型需对引起轴向运动的各种机理（重力、风力、颗粒跳跃、颗粒滚动等）进行详细地分析，常见的有 Friedman-Marshall 关联式[100]和停留时间分布模型（RTD）[101,102]。近年来，随着离散单元法（DEM）的兴起，从颗粒系统的本构关系入手，描述颗粒系统运动过程成为当前的研究重点。

综上所述，当前滚筒内颗粒的运动过程研究方法主要有实验研究和数值模拟两种。在实验研究方面，国际上大多数进行实验研究，实验过程通过搭建小型实验台进行冷态实验。在研究初期科研人员多采用示踪粒子的方式研究滚筒内的颗粒运动状况[103,104]，随着该方面研究的加强，一些外部观测的新技术新方法不断投入实验研究中，如粒子图像测速法[105]、核磁共振成像技术[106]、正电子放射粒子跟踪法[107]、光子传感器[108]等。在数值模拟方面，早期的数学模型比较简单，智能计算滚筒中部分参数，如颗粒的平均停留时间（MRT）或停留时间分布（RTD）等。近年来，随着 DEM 模型的研究越来越透彻，研究对象也从单个颗粒到颗粒群的运动[109-111]，如颗粒间的运动情况、相互作用力、热量及能量传递等。

1.4.2 传热过程研究

许国良[112]对颗粒在气固流化床中的运动及换热过程开展研究，建立了颗粒间辐射换热数学模型，通过对不同直径、不同温度下颗粒的温度变化得到了颗粒间通过气膜导热情况的变化规律。

刘安源[113]在建立了颗粒碰撞过程换热数学模型，在此模型的基础上与 DEM 模型相结合，对流化床内颗粒与床层的换热过程进行了模拟，该模型充分考虑了颗粒间的导热过程，但没有考虑颗粒间隙存在的气相造成的对流换热对整个颗粒换热过程的影响。

武锦涛[114]在模拟中建立了颗粒接触换热模型，该模型包括 4 个传热过程：（1）滚筒固体壁面与颗粒间的导热；（2）不同颗粒之间通过接触的导热；（3）不同颗粒之间通过间隙气膜的导热；（4）颗粒-流体-颗粒的对流传热。并把该模型与颗粒运动过程模型耦合，对移动床中颗粒与加热面间的传热过程进行模拟研究。

吴静[68]研究球形污泥颗粒干燥特性，建立了颗粒干燥过程模型，同时建立了滚筒内物料平均停留时间模型，然后将两模型耦合，综合考虑了颗粒换热及水分蒸发过程，得到了污泥颗粒温度、含水率等在内部空间的分布状况。

司小东等[115]建立了携带翅片滚筒冷渣器的传热模型，并考虑了残碳燃烧放热的影响，模型可以预测各介质轴向温度分布、各传热系数和传热量轴向分布及燃烧份额等。

卜昌盛等[116]建立了颗粒间的详细换热过程数学模型，包括颗粒内部导热、滚筒及颗粒粗糙表面传热、颗粒间气膜传热，并与颗粒运动过程模型相结合，建立了综合描述颗粒运动及换热过程模型，但是该模型却没有考虑气相对流传热，辐射传热的影响。

张瑞卿[117]分析气相和固相两种床层与壁面的换热过程，同时还设计搭建了实验平台，利用所建立的平台研究了高温气固两相流的发射率，并建立了气固床层发射率的预测模型。

贾建东[118]对滚筒冷渣器的运动与传热进行了分析，研究考虑了灰渣的轴向导热，建立了滚筒冷渣器的传热模型，并对灰渣轴向导热对灰渣整个放热量的影响进行了分析研究。

吴浩等[119]在针对颗粒的辐射换热过程研究了不同空间尺度的影响，提出了短程辐射模型、长程辐射模型和微观模型，并总结了经验关联式。

1.5　本书研究内容及研究路线

一方面，目前钢铁行业的固态废物中，主要是炉渣还没有很好的余热利用手段。炉渣作为生产过程中的一种副产品，其产量庞大，排出温度高，蕴含大量高品位余热。但目前熔渣余热的利用率却不到 20%。另一方面，随着我国经济的发展，城市污泥及工业污泥的污染日趋严重。但目前国内的污泥处理处置能力不足且手段相对落后，大部分污泥没有得到规范化的处理处置，容易直接给水体、土壤和大气带来“二次污染”，严重威胁生态环境。另外，污泥干燥的能耗和成本都非常高。所以，针对这个亟待解决的高难度问题，如何低成本地妥善处理污泥，使其稳定化、无害化、减量化并且资源化，显得异常重要和迫切。

本书提出利用钢厂废热来干化污泥的思路。针对目前污泥难以处理和炉渣热能未能有效利用的现状，本书提出利用滚筒技术对炉渣（以高炉渣、转炉钢渣及脱硫渣等为例）和污泥（以转炉 OG 泥及污水处理站污泥为例）进行耦合处理的方法，对高温渣粒化过程的余热进行回收，并使用回收的余热对转炉污泥进行干化处理，可低成本地同时解决上述两个问题，并且具有效率高、处理能力大等优势，其潜在价值非常可观。

2　高温钢渣的热物理参数及其主要性能

在介绍钢渣和污泥耦合处理之前，我们首先详细了解一下高温钢渣的热物理参数及其主要性能。

钢渣是炼钢生产过程中的伴生产物，炼钢工艺和冶炼钢种的不同，产生的钢渣在物理性能和化学性能上也各不相同。

随着钢铁技术的发展，炼钢工艺由最早的单一功能向多功能转化，炼钢工序从最早的炼钢→浇铸两个工序，发展到铁水脱硫→炼钢→钢水精炼（5种以上不同的精炼工艺）→钢水浇铸多个工序，每个工序的炼钢工艺，都会产生不同性质的钢渣，所以钢渣的形态种类很多，波动性很大。

目前世界上的主要炼钢方法有转炉炼钢和电炉炼钢两大类。转炉炼钢的钢铁联合企业，转炉炼钢是以铁水为主要钢铁原料生产不同的钢种，生产流程包括选矿、烧结、焦化、炼铁、炼钢、轧钢6个以上的工序流程。电炉炼钢是以废钢铁为主要钢铁原料生产钢材的，主要包括废钢加工、炼钢、轧钢三个工序流程。与转炉炼钢的工序流程相比，电炉炼钢的钢铁联合企业比转炉生产线少，所以电炉被称为短流程生产线，转炉生产线被称为长流程生产线。

在转炉炼钢和电炉炼钢生产线上生产不同成分的钢种，都采用吹氧和使用氧化剂的方法，调整或者脱除炼钢原料中影响冶炼钢种材料性能的碳、硅、锰、磷、硫、氢、氮等杂质和元素，同时控制钢水的出钢温度。这是转炉炼钢和电炉炼钢的基本任务。转炉炼钢和电炉炼钢生产的钢水被称为粗炼钢水，在这一阶段产生的钢渣也叫氧化性钢渣。电炉炼钢产生的钢渣叫作电炉钢渣，转炉炼钢产生的钢渣叫作转炉钢渣。

粗炼钢水中的硫主要是铁水带入的。在铁水加入转炉之前，向铁水中加入脱硫剂进行脱硫，叫作铁水脱硫工艺。由于铁水脱硫是在炼钢工序完成的，铁水脱硫产生的脱硫渣也被列入炼钢钢渣的范畴。从学术角度的定义看，铁水脱硫渣也属于还原性的钢渣。

对于大多数高品质钢种，炼钢过程很难一次性满足对于钢水成分、温度、钢液纯净度等工艺要求，还要继续进行精炼工序，需要在CAS、LF、VD、RH、VD等设备继续对于钢水进行精炼作业，精炼过程中钢包上部会产生精炼渣，渣中的（FeO+MnO）含量低于2%，冷却后颜色呈现黄白色，所以精炼渣有“白渣”之称。

在炼钢的所有工序中，产生量最大的是粗炼钢水时产生的氧化性钢渣，占到炼钢钢渣量的85%以上。

为了科学合理地开发不同钢渣的质热潜能，下面将详细介绍。

炼钢过程是在高温下把冶金用金属铁为主的原料和渣辅料熔化为两个互不溶解的液相，使钢和钢渣分离。确切地说，钢渣是由石灰、白云石、镁球和萤石等造渣材料、炉衬的侵蚀以及铁水中硅、锰、磷、硫和铁等物质氧化或者还原产物而形成的复合固溶体，钢渣来源包括以下几个方面：

(1) 为了完成炼钢过程中的脱硫、脱磷、脱氧等任务，因之而加入的造渣剂，如石灰、白云石、镁球、镁钙石灰、复合脱氧剂、萤石、预熔渣等原料；

(2) 金属料中带入的泥砂和其他的杂质成分；

(3) 铁水、废钢和金属料中的铝、硅、锰等氧化后形成的氧化物；

(4) 作为冷却剂或氧化剂使用的铁矿石、氧化铁皮、含铁污泥等；

(5) 炼钢过程中侵蚀下来的炉衬材料等；

(6) 为了减少钢水的温度损失和减少钢水二次氧化，在钢包内加入的覆盖剂等物质。

以上这些物质在炼钢的热力学条件和动力学条件下，相互反应，生成钢渣。由于不同的冶炼任务，钢渣的组分和性质各不相同，分为铁水脱硫渣、转炉钢渣、电炉钢渣、精炼渣、中间包弃渣等。

2.1 钢渣的密度

钢渣的密度和钢渣的组成、性质有着直接的关系。熔渣的密度能决定熔渣所占据的体积大小及钢液液滴在渣中的沉降速度。

熔渣是由各种化合物组成的，熔渣的密度与渣中氧化物的含量组分以及温度有关。FeO、MnO 和 Fe_2O_3 等密度大（5.24~5.7g/cm^3）的组分含量高，则钢渣的密度大；CaO、SiO_2 和 Al_2O_3 等密度较小（2.65~3.5g/cm^3）的组分含量高，则钢渣的密度低。钢渣的密度不服从组分密度的加和规律。因为组分之间可能有引起熔体内某些有序态改变的化学键出现，从而改变熔渣的密度。

但是固态钢渣的密度可近似地用单独化合物的密度和组成计算：

$$\rho_{渣} = \sum \rho_i w_i \tag{2-1}$$

式中 $\rho_{渣}$——固态钢渣的密度，g/cm^3；

i——钢渣的组成物质；

w_i——渣中各化合物的质量分数，%；

ρ_i——各化合物的密度，g/cm^3。

当渣中含有大量密度大的化合物（FeO、MnO 和 Cr_2O_3）时，熔渣的总密度就大，而占据的体积就小。在电炉或转炉的冶炼过程中，一般氧化渣的密度均大于还原渣的密度。

目前，有关熔渣的密度与组成及温度的关系的研究还不多，但在1400℃时熔渣的密度与组成的关系如下：

$$\frac{1}{\rho_{渣}} = 0.286w(CaO) + 0.45w(SiO_2) + 0.204w(FeO) + 0.35w(Fe_2O_3) + 0.237w(MnO) + 0.367w(MgO) + 0.48w(P_2O_5) + 0.42w(Al_2O_3) \quad (2\text{-}2)$$

式中的各组成为质量百分数。当熔渣的温度高于1400℃时，密度常用式（2-3）求出：

$$\rho_T = \rho_{渣} + 0.07\left(\frac{1400 - T}{100}\right) \quad (2\text{-}3)$$

式中　ρ_T——温度高于1400℃时某一温度下熔渣的密度；

$\rho_{渣}$——熔渣在1400℃时的密度；

T——温度。

用以上公式计算的误差不大于5%。一般液态碱性渣的密度为3.0g/cm^3，固态碱性渣为3.5g/cm^3，而FeO>40%的高氧化铁渣的密度为4.0g/cm^3，还原初期熔渣的密度约为2.6~3.0g/cm^3，酸性渣一般为3.0g/cm^3，泡沫渣或渣中存在弥散气泡时，密度低一些，所占据的体积也就要更大一些。

2.2　钢渣的熔点

熔渣的熔点的定义是：在炉渣被加热时，固态渣完全转变为均匀液相或者冷却的时候液态渣开始析出固相的温度。炼钢过程产生的炉渣是由多种化合物构成的体系，它的熔化过程是在一定的温度范围内进行的。针对一种钢渣而言，目前还不能讨论它的准确熔点。通常，炼钢过程要求钢渣的熔点应低于所炼钢熔点40~220℃，以促使熔渣在冶炼过程中充分发挥出功能作用。

在炼钢的温度下，组成钢渣的金属氧化物的熔点远远高于钢渣的熔点。钢渣的熔点较它们各自氧化物熔点低，目前的解释是化学键的作用下，使得复杂化合物的键能减弱，使得钢渣的熔点大幅度下降，这样才使熔渣有可能形成。其中，CaO、MgO、SiO_2及FeO是碱性渣中的主要成分，它们决定或影响着该类炉渣熔点的高低。不同钢渣的熔点，取决于成渣过程中生产的岩相化合物，这些岩相化合物的熔点是各不相同的，钢渣中化合物及其熔点如表2-1所示。

通过表2-1可以清楚地认识到，钢渣的熔点是千差万别的，影响钢渣熔点的主要原因有以下几点：

（1）钢渣中碱度的影响。这一点主要指渣中氧化钙的含量。钢渣碱度不同，钢渣的岩相结构不一样，一般来讲，钢渣的碱度越高，熔点也随之上升。比如炼钢过程中加入过量的石灰后钢渣碱度较高，成渣速度较慢，就是这个原因。

（2）渣中氧化镁含量的影响。渣中含有一定量的氧化镁，有利于降低钢渣

表 2-1 钢渣中的化合物及其熔点

化合物	矿物名称	熔点/℃	化合物	矿物名称	熔点/℃
$CaO \cdot SiO_2$	硅酸钙	1550	$CaO \cdot MgO \cdot SiO_2$	钙镁橄榄石	1390
$MnO \cdot SiO_2$	硅酸锰	1285	$CaO \cdot FeO \cdot SiO_2$	钙铁橄榄石	1205
$MgO \cdot SiO_2$	硅酸镁	1557	$2CaO \cdot MgO \cdot 2SiO_2$	钙黄长石	1450
$2CaO \cdot SiO_2$	硅酸二钙	2130	$3CaO \cdot MgO \cdot 2SiO_2$	镁蔷薇辉石	1550
$2FeO \cdot SiO_2$	铁橄榄石	1205	$2CaO \cdot P_2O_5$	磷酸二钙	1320
$2MnO \cdot SiO_2$	锰橄榄石	1345	$CaO \cdot Fe_2O_3$	铁酸钙	1230
$2MgO \cdot SiO_2$	镁橄榄石	1890	$2CaO \cdot Fe_2O_3$	正铁酸钙	1420

的成渣温度，这主要是因为合理的氧化镁含量会在冶炼过程中生成低熔点的钙镁橄榄石。但是氧化镁含量过高，会引起钢渣熔点的上升。前苏联索克洛夫研究了 $CaO+MgO$ 为 62%~66.2%、CaF_2 为 9%、$Al_2O_3+SiO_2$ 为 24%~29%时，渣中氧化镁含量对于熔点的影响，钢渣熔点的温度 t 和氧化镁含量之间的关系为：

$$t = 1208 + 15.5 \times (w)\% \tag{2-4}$$

式中 $(w)\%$——钢渣中的含量。可以看到，要获得熔点不大于 1400℃ 的钢渣，氧化镁含量不能超过 12%。

（3）渣中氧化铁的含量。由于氧化铁的离子半径不大，和氧化钙同属于立方晶系，有利于向石灰的晶格中迁移，并且生成低熔点的化合物，从而降低了钢渣的熔点。在炼钢过程中脱磷和脱碳的氧化期，如果钢渣的熔点较高，石灰没有完全熔化，采用向钢渣界面吹氧，提高渣中氧化铁的含量，用于降低钢渣的熔点，提高钢渣的流动性，原理就基于此。

一般炼钢的氧化渣的熔点约为 1230~1545℃，还原渣的熔点一般在 1430~1520℃。

2.3 钢渣的黏度

合适的钢渣的黏度在 0.02~0.1Pa·s，相当于轻质机油的黏度；钢液的黏度在 0.0025Pa·s 左右，相当于松节油的黏度。熔渣的黏度是钢液黏度的 8~10 倍。影响熔渣黏度的因素主要有固相质点、钢渣的组成和钢渣的温度。

（1）固相质点对熔渣黏度的影响。如果熔渣中存在固相质点，二者之间要产生液-固界面，这使得液体流动时，需要克服的阻力增加。因此，有固相质点的熔渣的黏度远大于相同组成的单相熔渣的黏度。炼钢过程中还原期间的增碳，炭粉和 CaC_2 都会使熔渣的黏度升高，这是因为炭粉本身的熔点高，大约为 3750℃，而且往往呈固体微粒状态悬浮于渣中，所以加入炭粉对提高熔渣的黏度极为有效。渣中加入 CaC_2 后，会使 CaO 含量增高，能导致熔渣碱度增大，黏度也增大。例如，转炉和电炉炼钢过程中炉衬被侵蚀以后，渣中会有大量未能够溶解的镁砂颗粒，含铬较高的炉料在铬氧化以后，部分三氧化二铬以固相质点弥散在渣中，它们都是钢渣黏度增加的原因。

（2）熔渣组成对溶渣黏度的影响。从熔渣结构的概念出发，一般认为钢渣组成对其黏度的影响表现在对于离子半径的影响和是否产生固相质点的影响两个方面。对于单相熔渣，其黏度在很大程度上取决于组成的离子半径的大小。当渣中存在着复合阴离子，特别是当阴离子的聚合程度高时，它们的体积很大，从一个平衡位置移到另外一个平衡位置，需要克服的黏滞阻力很大，因此黏度很大。当钢渣的碱度很低、二氧化硅的含量很高时，由于有硅酸根离子的存在，钢渣的黏度增加。与此相反，提高渣中碱性氧化物的含量，由于能够使得复杂阴离子解体，所以可以降低钢渣的黏度。在酸性渣中提高 SiO_2 含量时，会导致熔渣黏度的升高；相反，在酸性渣中提高 CaO 含量时，会使黏度降低。产生上述变化的原因是：SiO_2 在均匀的酸性熔渣内生成结构复杂、体积大且活动性小的络合负离子，这种络合负离子在熔渣中排列较有秩序，堆积得最紧密，使得渣内每一质点从某一平衡位置移到另一平衡位置发生困难，因此黏度增高而流动性降低；在酸性渣中加入 CaO 后，渣中 O^{2-} 增加，改变了 Si 和 O 的比例关系，促使硅氧负离子的键断裂变成体积较小的离子，从而减少熔渣中的内摩擦系数使熔渣黏度降低。

在碱性渣中，熔渣的流动性一般随着碱度的升高而降低。这种变化的原因可能是由于 CaO 熔点较高，加入碱性渣中后，既提高了熔渣的碱度又提高了钢渣的熔点；另一原因，就是 CaO 加入后，熔渣中将会析出固态微粒，从而也使黏度增高。

在碱性渣中，MgO 含量对黏度的影响最大，当渣中 MgO 含量超过 10%～12%，Cr_2O_3 含量超过 5%～6%以后，都会使得渣中出现固态微粒，增加钢渣的黏度。

由于 CaF_2 的电离度高，产生的 F^- 离子可以替代 O^{2-} 离子促使 $Si_xO_y^{2-}$ 解体，能够降低钢渣的黏度。

Al_2O_3 属于两性氧化物，在中性渣或者碱性渣中，显示酸性，所以能够和 SiO_2 一样，形成复合铝氧阴离子，使得钢渣的黏度增大。在酸性渣中，Al_2O_3 会显示碱性，有破坏复合阴离子的作用。

FeO 也能降低碱性渣黏度。

（3）温度对熔渣黏度的影响。温度升高可以提供液体流动所需要的黏流活化能，而且可以使某些复杂的复合阴离子解体，或是使得固体微粒消失，所以能够降低钢渣的黏度。随着冶炼温度的升高，酸性渣和碱性渣的黏度均有所降低，而碱性渣的过热敏感性比酸性渣大，特别是在温度较低时，升高温度对提高碱性渣的流动性更有效。这可能是由于温度的不同对熔渣内摩擦系数的影响也不同。

综上所述，影响熔渣黏度的因素可大致归纳以下几条规律：

（1）碱性氧化物可降低酸性熔渣的黏度，升高碱性熔渣的黏度；酸性氧化物可降低碱性熔渣的黏度，升高酸性熔渣的黏度。但也有例外，如 FeO，这是由于 FeO 自身的熔点较低的原因。而且两性氧化物对熔渣黏度的影响尚无确切的规律。

（2）熔渣黏度与氧化物在渣中存在的形态有关。如果氧化物以尺寸较小、结构简单的离子（阳离子 Ca^{2+}、Mn^{2+}和阴离子 O^{2-}）形态存在时，会降低渣的黏度；如果是形成结构复杂的（$Si_xO_y^{2-}$）络合负离子，会升高渣的黏度，而且结构越复杂，在渣中堆积越紧密，黏度越高；如果氧化物在渣中呈固态微粒状态存在时，数量越多黏度越高。

（3）均匀熔渣的黏度较低，非均匀熔渣的黏度较高，由均匀熔渣向非均匀熔渣过渡时，熔渣的黏度将急剧升高。

（4）钢渣的熔点高，黏度也高，如果向熔渣中加入高熔点的同类性能氧化物，则炉渣的黏度升高。

（5）温度升高时，熔渣的黏度降低，碱性渣的敏感性更大。

以上特点是渣处理改质过程中的重要依据。

2.4 钢渣的焓

热力学上，焓是一个状态函数，表示为：

$$H = U + pV \tag{2-5}$$

式中 U——体系内能；

p——压力；

V——体积；

pV——体积功。

熔渣的焓变指单位质量的熔渣温度升高时所吸收的热量。焓变的计算公式如下：

$$\Delta H_{\text{slag}} = \Delta H_T - \Delta H_{298} = \int_{298}^{T_{熔}} C_s \mathrm{d}T + L_{熔} + \int_{T_{熔}}^{T} C_l \mathrm{d}T \tag{2-6}$$

式中，ΔH_{slag}为熔渣的焓变量；C_s和 C_l分别为熔渣在固态和液态的比热容；$L_{熔}$为熔化潜热。对于碱性钢渣，其熔化区间为 1250~1525℃。基本的热力学数据为：

$$C_s = 0.7757 + 2.615 \times 10^{-4}t + 1.6318 \times 10^{-7}t^2, \text{kJ/(kg·℃)} \tag{2-7}$$

$$L_{熔} = 167.36 \sim 209.2\text{kJ/kg} \tag{2-8}$$

$$C_l = 1.1966\text{kJ/(kg·℃)} \tag{2-9}$$

一般认为，在 1000℃时，固体碱性渣的比热容为 1.255kJ/(kg·℃)，1650℃液体渣的比热容约为 2.51kJ/(kg·℃)。在 1600~1650℃时，液体碱性渣的焓变值为 1670~2343J/g。不同渣的焓如表 2-2 所示。

表 2-2 不同渣的焓

炉渣种类	温度/℃	ΔH/kJ · kg^{-1}
高炉炉渣	熔融温度	1673~2092
转炉渣	1600	1925~1967
	1700	2030~2072
	1800	2135~2197
电炉渣	熔融温度	2197~2343

2.5 钢渣的导热性

钢渣的导热性常用导热系数 λ 来表示，单位是 W/(m · K)。炼钢过程中，没有搅拌和对流条件也没有气泡上浮的多元熔渣的导热系数为 2.324~3.486W/(m · K)，比熔化状态的平静钢液的导热系数低 86%~91%，略有搅拌的泡沫渣的导热系数可达到 16%~25.1%；当熔池处于剧烈的脱碳反应期间，钢渣的导热系数可以提高到 102.4~116.2W/(m · K)，同时钢液的导热系数可以提高到 2092~2325W/(m · K)，从而使得熔池快速升温。固态钢渣的导热系数约为 0.4W/(m · K)，玻璃相的导热系数为 1~2W/(m · K)，晶体相的导热系数约为 7W/(m · K)。

凝固后的钢渣的导热性较差，所以炼钢的渣罐采用铸钢件制作，原理就是利用了固态钢渣导热性较差的这一特点。

3 钢铁厂污泥特性及干燥技术现状

钢铁生产过程中会产生大量的污泥，作为钢渣耦合处理的对象，我们需要了解钢铁厂污泥特性及干燥技术。

3.1 钢铁厂污泥的理化性能分析

为了让污泥更好地接近实际生产情况，同时让实验结果的准确性和代表性更好，首先需要对污泥进行预处理，包括：取样、制样和存样，获得最具代表性、能满足试验或分析要求的样品。

（1）取样。本书所涉及污泥取自上海宝钢一炼钢厂，其组成以转炉 OG 泥为主，并配入了一定量的转炉除尘灰（LT 灰）。为方便称呼，报告在后面会将该类污泥简称为“污泥或转炉污泥”。污泥经机械脱水及预烘干处理后，初始含水率在 15wt%左右，呈潮湿的细沙状，颜色为接近黑色的深灰色。

（2）制样。在实验室条件下进行预处理：

1）一次干燥：使用电热鼓风干燥箱（型号 DHG-9030A）将污泥（约 1kg/盘）在 105℃下低温干燥，一直干燥至污泥质量不再下降为止（>1.5h）。此时污泥外形与干燥前相似，呈多孔脆性结构（图 3-1），其中水分已去除大部分。

(a) 干燥前

(b) 干燥后

图 3-1　原始污泥干燥前后

2）破碎：由于污泥极易结团，且结团污泥中心的水分难以去除，需对干泥进行研磨破碎，减少结团带来的影响，获得的干泥中泥团颗粒直径小于 3mm。

3）二次干燥：再次对污泥进行 105℃的低温干燥，去除剩余水分。

4）筛分：将污泥通过 30 目筛筛分，去除粗大硬颗粒和难以破碎的泥团。对尺寸大于 30 目的污泥重复上述步骤 2）处理。筛分的要求是保证样品至少有 95wt%处于该粒度以内。本文所用污泥在经过预处理后发现，粒径大于 20 目（850μm）的颗粒约占 0.02wt%，粒径大于 30 目（600μm）的颗粒约占 4wt%。本研究选用 30 目以下的污泥作为实验材料。

5）混合：通过人工转堆法，使 30 目以下的干泥充分混合，达到均匀分布，最终污泥如图 3-2 所示。

（3）存样。将获得的干泥（粉末）试样保存在密封袋中，正式试验使用前会再次进行 105℃干燥处理，保证水分完全脱除。

上述制样方法能保证污泥自身成分、热值等不变，且水分去除彻底，配加相应水量就能完全恢复初始状态。对于后面的研究，考虑到测量的准确性、仪器的空间限制以及样品的代表性，统一选用 30 目以下的污泥样品。

图 3-2　预处理完成的污泥（粒径小于 30 目）

3.1.1　组分分析

干泥粉末的组分检测包括元素检测和物相检测。

3.1.1.1　元素检测采用 X 射线荧光分析（XRF）技术

先通过粉末压片机（型号：ZHY-401B）进行压片，采用硼酸垫底压片法（压力 15MPa），压片机如图 3-3 所示，获得的压片如图 3-4 所示。

再通过波长色散型 X 射线荧光光谱仪（型号：AXIOSmax）对压片进行成分分析，仪器如图 3-5 所示。组分测量结果如表 3-1 所示。

图 3-3　粉末压片机

图 3-4　硼酸垫底压片

图 3-5　X 射线荧光光谱仪

表 3-1　绝干转炉污泥组分分析

元素	质量分数/%	元素	质量分数/%
Fe	50.6~55.0	P	0.133~0.141
O	25.7~31.2	K	0.114~0.121
Ca	9.13~9.73	S	0.0669~0.0709
Mg	4.85~5.10	Ru	0.0477~0.0525
Zn	1.60~1.69	Ti	0.0474~0.0509
Si	1.23~1.30	Cr	0.0281~0.0301
Mn	0.394~0.426	Cu	0.0155~0.0170
Al	0.343~0.362	Mo	0.00904~0.00990
Cl	0.174~0.185	Sr	0.00376~0.00413

由表 3-1 可知，转炉污泥在元素组成上具有如下特性：

（1）铁含量很高，TFe 占 50.6wt% ~ 55.0wt%，换算成铁氧化物则占 70.7wt%~72.4wt%。

（2）钙含量较高，Ca 占 9.13wt%~9.73wt%。

（3）镁、锌、硅等元素含量较高，其中锌质量分数受转炉添加含锌废钢量的影响，波动较大。

（4）存在少量的硫酸盐和氯盐，铜、钼、锶等元素含量极低，可忽略。

3.1.1.2 物相检测采用 X 射线衍射（XRD）技术

先将污泥研磨至 320 目以下的粉末，再通过 X 射线衍射仪（型号：SmartLab）对粉末进行物相分析（矿物检测），仪器如图 3-6 所示。

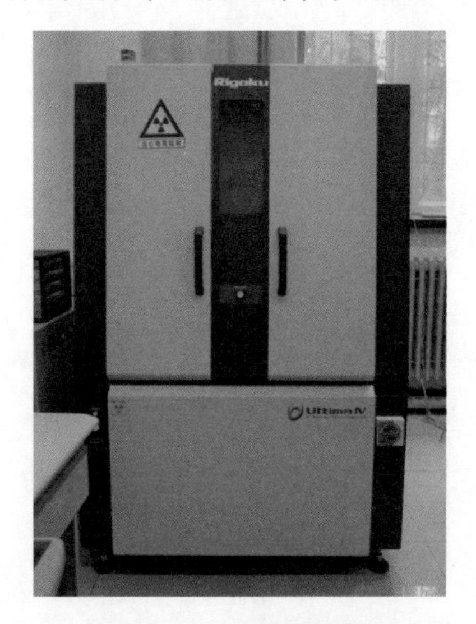

图 3-6 X 射线衍射仪

转炉污泥为混合物，且金属元素含量极高，其成分多以晶体形式存在。对于晶体材料，不同的矿物具有不同的 X 射线衍射图谱，通过比较 XRD 图上 X 射线衍射线位置与强度可分辨矿物成分。由元素检测结果可知，本研究的污泥以 Fe、O、Ca、Mg、Zn、Si 为主，物相检测也以这几个元素为主要检测对象，获得的 XRD 图如图 3-7 所示。

由图 3-7 可知，转炉污泥在物相组成上具有如下特性：

（1）铁元素大多以氧化物形式存在，而且铁的化合价大多不是最高价，而是以亚铁的形式存在。这也解释了为什么污泥呈深灰色。

（2）钙元素多以 $Ca(OH)_2$ 和 $CaCO_3$ 形式存在。$Ca(OH)_2$ 一般是胶体形式，含量不少。胶体物质能持有较高的吸附水，此类水分在干燥过程中较难脱除。

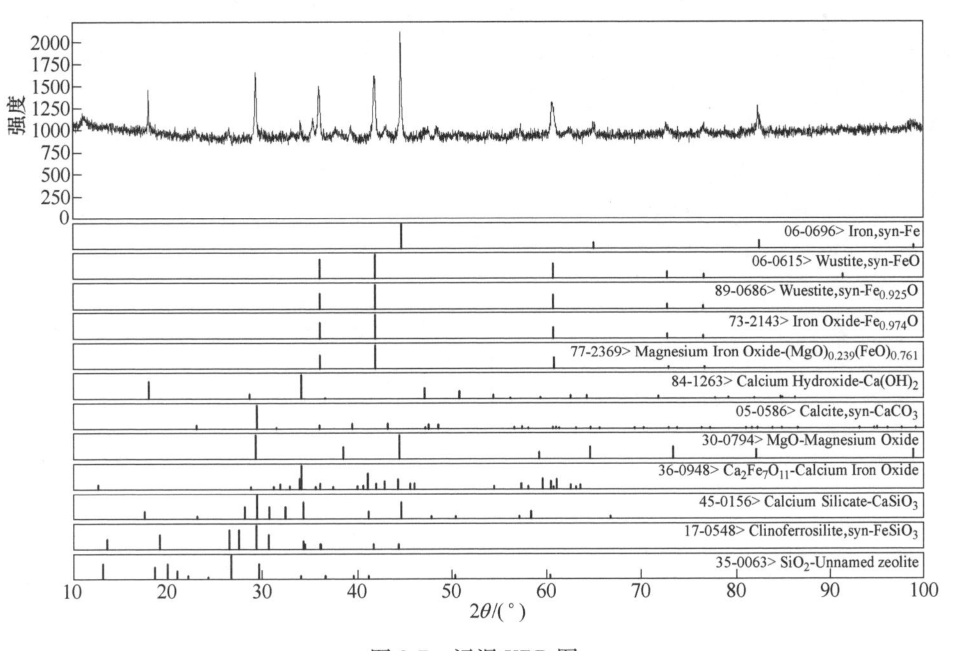

图 3-7 污泥 XRD 图

（3）硅元素多以 SiO_2或硅酸盐的形式存在。

（4）污泥主要由铁的氧化物或其他炉料的氧化物以及盐类所组成。

3.1.2 粒度分析

采用激光粒度仪（型号：Masterszier 3000）对转炉污泥进行粒度分布检测，仪器如图 3-8 所示。

图 3-8 激光粒度仪

首先，将 30 目以下的干泥粉末放入烧杯中，加入溶剂（纯水）配成悬浮液。然后，对悬浮液进行超声波处理（功率 200W，频率 40kHz，时长 9min），尽可能去除悬浮液中的颗粒聚团现象。随之，通过滴管对悬浮液进行取样，并加进粒度仪放样处。考虑到污泥配出的悬浮液具有大量的大颗粒沉淀，故取样包括中层浑浊液和底层大颗粒。

进行了两组测试（Exp. 1 和 Exp. 2），获得的粒度分布情况如图 3-9 所示，测试总体结果如表 3-2 所示。

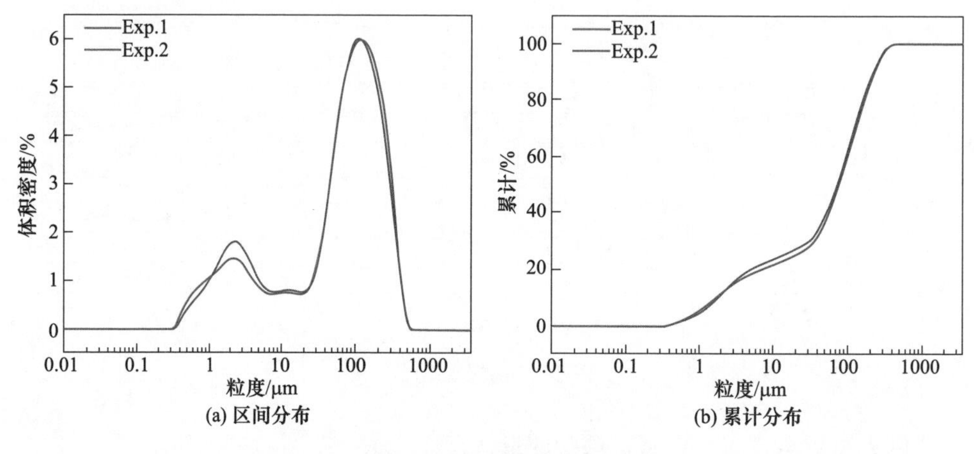

图 3-9　污泥粒度分布

表 3-2　污泥粒度分布测试结果汇总

物质	结果	Exp. 1	Exp. 2
转炉污泥	比表面积	937. 9m²/kg	909. 4m²/kg
	D[3，2]	6. 40μm	6. 60μm
	D[4，3]	104. 0μm	98. 4μm
	Dv(10)	1. 89μm	1. 93μm
	Dv(50)	81. 9μm	77. 3μm
	Dv(90)	244μm	233μm

从粒度检测结果看，转炉污泥的粒度非常小，粒度组成中小于 80μm 的约占 50%。总体上，粒度在 0. 314 ~ 586μm 范围内，与文献数据（0. 5 ~ 500μm）相近。粒度分布呈现双峰特征（双峰分布颗粒），与大多数工业烟尘中的颗粒物粒度分布情况相似。两个峰值分别约在 2. 27μm 和 111. 7μm。这是因为悬浮液取样中既取了中层浑浊液，又取了底层沉淀大颗粒。前面的峰表示浑浊液中污泥颗粒的粒度分布，与文献提及的小于 5μm 颗粒的占 70%以上吻合。后面的峰表示污泥沉淀颗粒的粒度分布。两次测试的曲线基本重合，主要在前面的峰处存在较大

差别。这是因为在原始污泥预处理（干燥）过程中，干燥箱热风容易将污泥细颗粒带走，会导致污泥中细颗粒比例波动较大。

3.1.3 干泥密度

这里考察30目以下的绝干转炉污泥的绝对密度和堆积密度两种。

3.1.3.1 绝对密度

绝对密度采用真密度分析仪（型号：Ultra PYC 1200e）测量，仪器如图3-10所示。

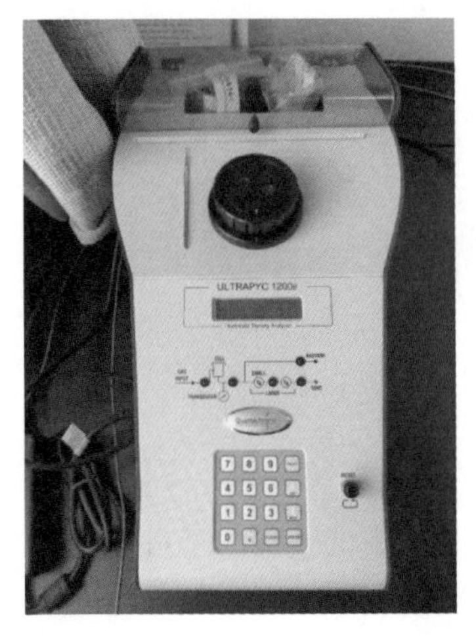

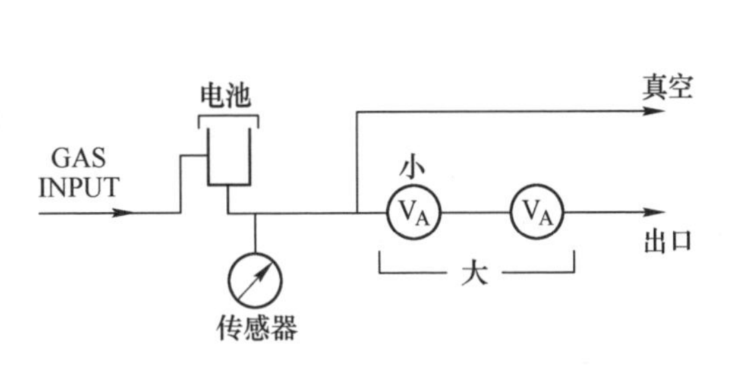

图3-10 真密度分析仪

仪器应用阿基米德原理——气体膨胀置换法，通过测定由于样品测试腔放入样品所引起的样品测试腔气体容量的变化来精确测定样品的真实体积也叫骨架体积，从而得到其真密度。绝对密度=质量/真实体积，即扣除了污泥内部孔隙后的密度。

选用干泥粉末作为试样，惰性气体为N_2。经过10次测量取平均值得到的样品绝对密度为$\rho_s=5619kg/m^3$。

3.1.3.2 堆积密度

堆积密度采用普通测量法获得。堆积密度=质量/表观堆积体积。采用电子天平（型号：FA2004，量程0～200g，线性误差±0.2mg）、50mL量筒和100mL量筒。分别在两种规格的量筒内测量绝干污泥粉末在10mL、20mL、30mL、40mL及50mL体积下对应的质量，通过线性拟合求取堆积密度，结果如图3-11所示，堆积密度约为$\rho_{slu,dry}=2459kg/m^3$。干泥粉末孔隙率为$\varepsilon_p=0.563$。

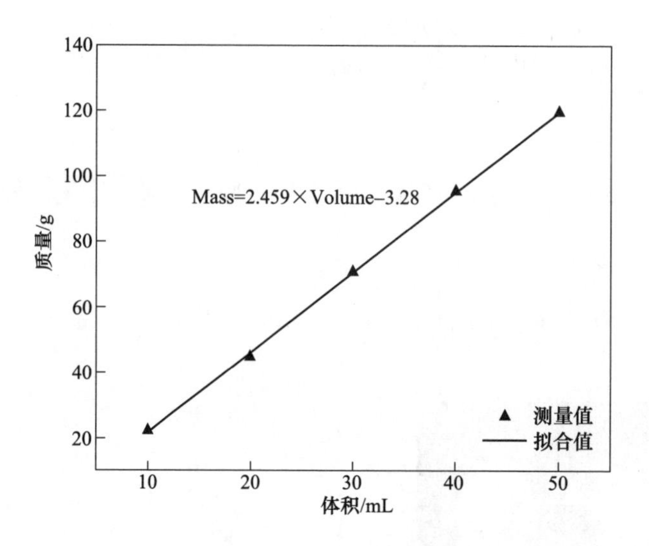

图 3-11 污泥堆积密度测量结果

3.1.4 干泥导热系数和比热容

3.1.4.1 导热系数

采用导热系数仪（型号：TC3200）测量 30 目以下的干泥粉末在堆积状态下的综合导热系数 λ_{eff} [单位 W/(m · K)]。干泥内部包括污泥骨架和干空气，根据测量结果可反推出污泥骨架的导热系数 λ_{s}：

$$\lambda_{\text{s}} = \frac{\lambda_{\text{eff}} - \varepsilon_{\text{p}}\lambda_{\text{a}}}{1 - \varepsilon_{\text{p}}} \tag{3-1}$$

式中 λ_{a}——干空气导热系数，W/(m · K)。

经过 5 次测量取平均值推出样品污泥骨架的导热系数为 λ_{s}=0.4376W/(m · K)。

3.1.4.2 比热容

采用 DSC 差示扫描量热仪（型号：DSC25）测量 30 目以下的干泥粉末在堆积状态下的综合等压比热容 $C_{p,\text{eff}}$ [单位 J/(kg · K)]。测量温度范围为 20～300℃，仪器升温速率为 20℃/min，炉气（空气）吹扫速率采用经验值 50mL/min，炉膛压力近似为大气压。根据测量结果可反推出污泥骨架的比热容 $C_{p,\text{s}}$：

$$C_{p,\text{s}} = \frac{\rho_{\text{slu,dry}} C_{p,\text{eff}} - \varepsilon_{\text{p}}\rho_{\text{a}} C_{p,\text{a}}}{(1 - \varepsilon_{\text{p}})\rho_{\text{s}}} \tag{3-2}$$

式中 ρ_{a}——干空气密度，kg/m^3；

$C_{p,a}$——干空气比热容，J/(kg · K)。

测量结果如图 3-12 所示，污泥骨架比热容 $C_{p,s}$ 随着温度的升高呈现先增后减的变化趋势，数值在 553.8～829.3J/(kg · K) 范围内，最大值出现在大约 127℃。后面的计算会将该比热容数据以插值的方式输入数学模型中。

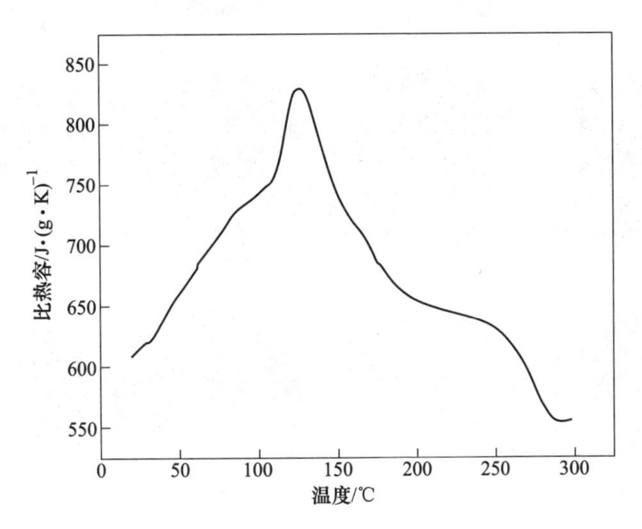

图 3-12 污泥骨架比热容测量结果

3.1.5 表观形态与含水率关系

考虑到转炉污泥的表观状态对其干燥速率的影响相当明显，而且由于实践发现本研究所用转炉污泥在 300℃以内干燥前后理化性质基本不发生变化，即无论被干燥多少次，只要含水率相同，转炉污泥表观状态就会相同。故先对典型干基含水率的转炉污泥表观状态进行考察。

实验方法：(1) 称取足量已预处理好的干泥，再次进行 105℃干燥处理，保证其水分完全脱除。(2) 调节电子天平 4 个水平调节脚，保证天平水平放置，将烧杯置于电子天平上，往 1L 的烧杯中加入 100g 绝干污泥。(3) 通过量筒和滴管往烧杯中加入相应质量的水，并用玻璃棒对含水污泥进行 1min 的搅拌，使污泥与水尽量混合均匀，配置成所需含水率的湿污泥薄层。

图 3-13 给出典型实验结果，方便后续转炉污泥干燥研究中可更好地理解表观形态随干燥过程的变化。

由图 3-13 可知，不同的含水率下转炉污泥会呈现出不同的表观状态：

(1) 转炉污泥干基含水率低于 0.12g/g 时呈固态。其中：绝干转炉污泥（含水率 0g/g）呈深灰色粉末状，微风即可使其扬尘，干泥粉末极少粘壁；含水率

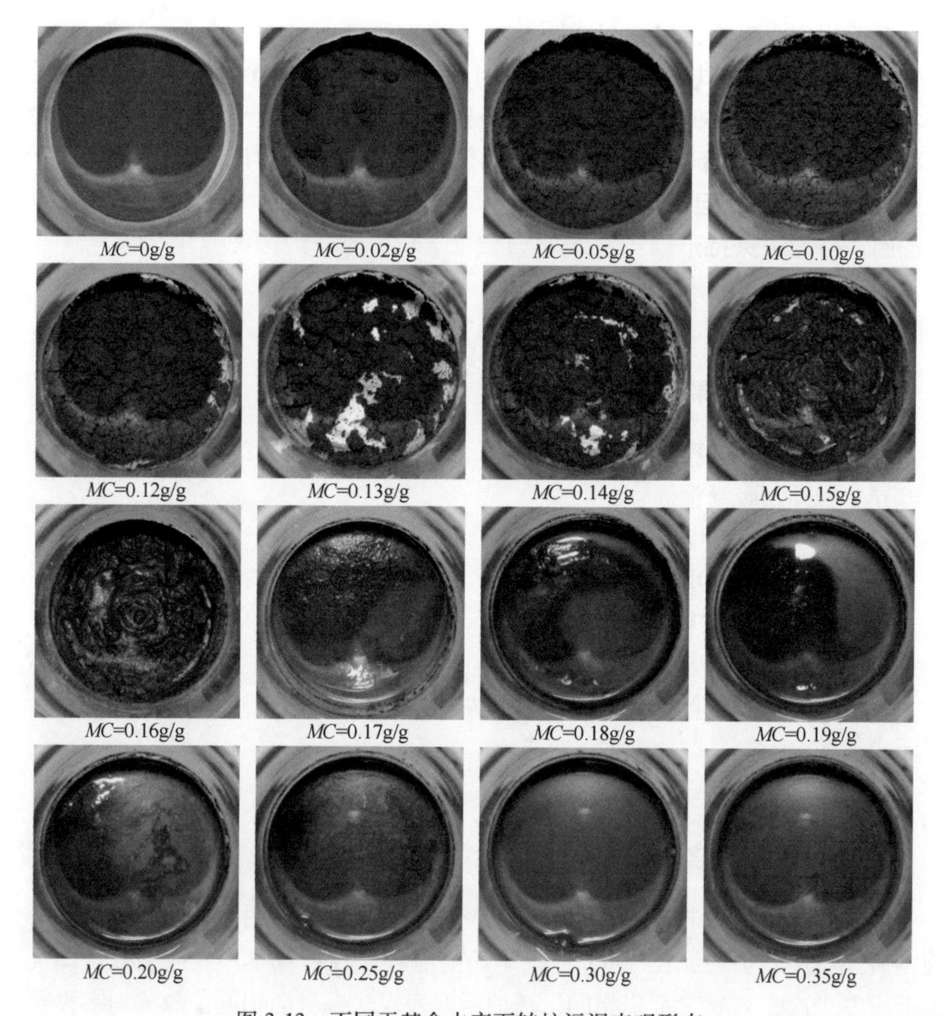

图 3-13 不同干基含水率下转炉污泥表观形态

0~0. 03g/g 的转炉污泥由于是通过滴管加水的，每一滴水滴入污泥后，吸水的转炉污泥会相互黏结形成泥团，与周围干泥分离，玻璃棒搅拌时泥团不易破碎，且泥团外壁面都被干泥粉末包裹，导致泥团间不发生黏结，基本没有粘壁现象；含水率 0. 04~0. 12g/g 的转炉污泥由于所含水分较多，且转炉污泥自身吸水能力较差，此时已无干泥存在，一方面存在湿泥结团现象，同时也存在泥团间相互黏结现象，含水率越高，泥团现象越不明显，转炉污泥越容易形成一整个疏松的大团体，且转炉污泥出现绒毛状，此时转炉污泥出现一定的粘壁现象。

（2）转炉污泥干基含水率为 0. 13~0. 16g/g 时呈塑态。其中：含水率 0. 13~0. 14g/g 的转炉污泥黏性最高，易结成大团体，呈柔软状，形状固定，此时粘壁现象明显减弱；含水率 0. 15~0. 16g/g 的转炉污泥表面已开始冒出少量水分，即水分已无法完全吸收，呈柔软状，粘壁现象无明显变化。其中，含水率 0.15g/g 的转炉污泥还勉强能较长时间保持形状，更接近于固态，但含水率 0.16g/g 的转炉污泥已无法长时间保持形状了，胶黏相问题较为严重，更接近于流态。

（3）转炉污泥干基含水率高于 0.17g/g 时呈流态。其中：含水率 0.17～0.19g/g 的转炉污泥已呈浓稠泥浆，表面明显冒出水分，水分表面漂浮着一层白色油脂，已无法保持形状；含水率高于 0.20g/g 的转炉污泥已出现固液分离现象，上层是带油脂的浑浊液态水，下层是浓稠液态泥浆。油脂为矿物油，含量约 780mg/kg 干泥，文献少有提及。

3.1.6 吸水膨胀效果与含水率关系

污泥属于特殊多孔介质，堆积密度本身就不是定值，疏松状态和密实状态存在差异。另外，生活污泥自身吸水性较好，还存在吸水膨胀和干燥收缩的特性。为了处理实验的可重复性，下面考察 5 种典型干基含水率（$MC=0.05$g/g、0.10g/g、0.15g/g、0.18g/g、0.20g/g）的污泥在最密堆积状态下的堆积密度。

实验方法：（1）使用 50mL 量筒装入 40mL 绝干污泥粉末（30 目以下），并称量及计算出污泥质量。（2）将量筒置于电子天平上，往其中加入水，配出目标含水率的污泥。（3）将带湿泥的量筒封上保鲜膜，静置 30min，以确保水分在污泥中扩散均匀。

实验结果如图 3-14 所示。显然，转炉污泥无明显的吸水膨胀现象，与普通生活污泥不同。在后续的仿真计算中可忽略污泥干燥过程的体积变化问题。

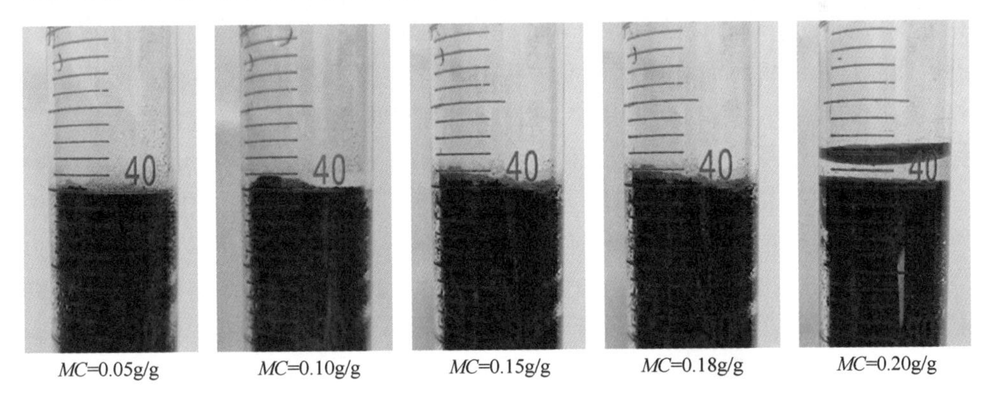

图 3-14 不同干基含水率下转炉污泥吸水膨胀效果

3.1.7 干燥过程热重分析

热重实验采用塞塔拉姆公司的同步热分析仪（型号：LABSYS evo STA1600），如图 3-15 所示，可同时进行 TGA 和 DSC 测试。

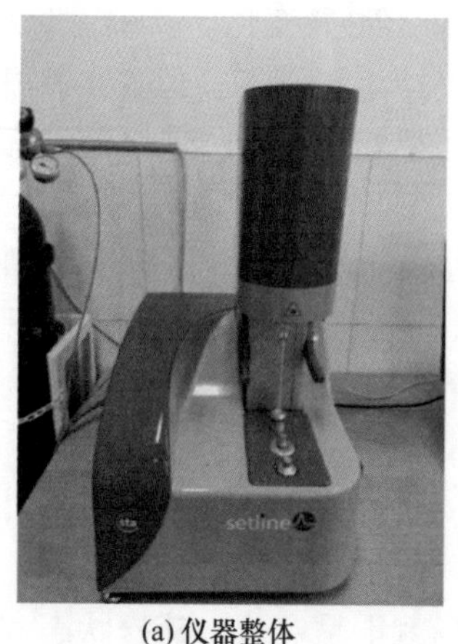

(a) 仪器整体

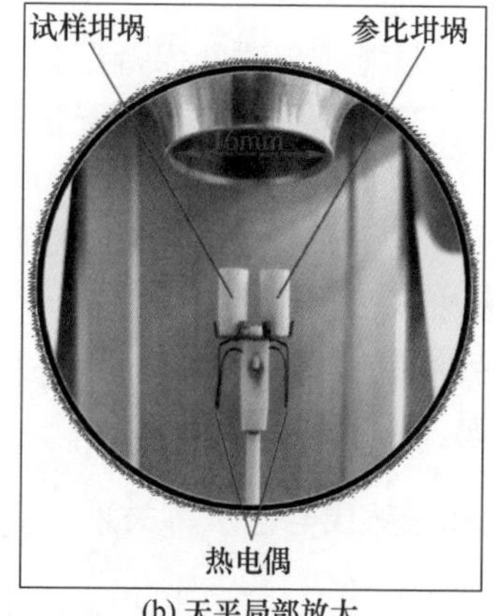

(b) 天平局部放大

图 3-15　同步热分析仪

污泥试样选用 30 目以下的绝干污泥，根据所研究的含水率工况，配上适量的水。干燥介质为干空气。同步热分析仪连接空气气瓶、水冷系统及计算机。试样坩埚放污泥试样，参比坩埚为空坩埚。污泥干燥（加热）过程中水分会蒸发，其质量逐渐下降，重点考察污泥的干燥过程特性及热消耗（能耗）特性等，进而分析其热物性。其实验步骤如下：

（1）称取一定质量经二次干燥处理的绝干污泥于试样坩埚中，铺平试样，往坩埚中加入足量水。尽量使每次实验的试样都具有相同的初始状态（如：用量和形状），有助于后续关键参数计算的准确性。该方式还能使污泥堆积状态更接近后面涉及的层状污泥和球状污泥的状态，以便获得更有参考价值的数据。另外，污泥试样的用量根据经验用量，既要尽量使炉膛温度和试样温度接近，又要保证试样量足够多，实验结果具有代表性。

（2）将试样坩埚和参比坩埚置于同步热分析仪的天平上，关闭炉膛。往炉膛通入恒定流速的空气（流速取经验值 40mL/min），开启仪器冷却水循环装置，以 10℃/min 的升温速率将炉膛加热到 30℃ 并保温 10min，以保证不同工况实验的初始温度相同，方便对比。而且通过保温阶段可以减少天平晃动等因素的影响，提高测量数据的准确性。

（3）在相同的炉膛环境中，将不同的试样以相同的加热制度（5℃/min）加热至终点温度，并保温足够长时间，记录污泥干燥过程的 TGA-DTG-DSC 曲线等数据。

以 5℃/min 的升温速率（二次加热）将试样从室温加热至 80℃，记录其 TGA-DTG-DSC 曲线。这里故意开展初始干基含水率很高（MC_0 = 1. 50g/g）的污泥干燥实验，以观察较大含水率范围的干燥过程，实验结果如图 3-16 所示。

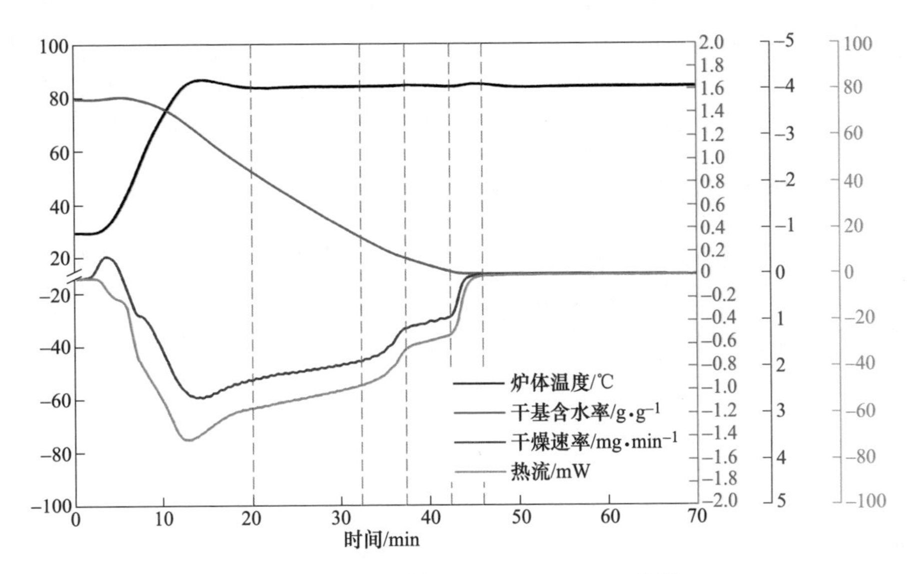

图 3-16 污泥干燥过程 TGA-DTG-DSC 曲线

干燥速率（蓝线）和干燥能耗（红线）在保温阶段中一直处于下降的状态，并未出现恒定阶段，但干燥速率和干燥能耗的变化基本同步。这里结合第 3.1.5 和 3.1.6 小节污泥表观状态与含水率关系来分析。将高含水率污泥干燥过程划分为 6 个阶段，关键参数在表 3-3 中已给出。第 1 阶段为升温阶段。第 2~6 阶段为保温阶段：第 2 阶段（20~32.3min）的污泥为固液分离的流态，上层是浑浊液态水，下层是浓稠液态泥浆，其干燥速率和干燥能耗呈近似线性地下降；第 3 阶段（32.3~37.3min）的污泥由流态转变为塑态，污泥上方的水层逐渐消失，但污泥表面仍会冒出少量水分，其干燥速率和干燥能耗出现快速下降；第 4 阶段（37.3~42.4min）的污泥由塑态转变为固态，此时的污泥处于静止状态，低含水率的塑态和固态间的区别可忽略，污泥表面的水分已蒸发，只剩污泥内部水

表 3-3 污泥干燥过程阶段划分

阶段	1	2	3	4	5	6
时间/min	0~20	20~32.3	32.3~37.3	37.3~42.4	42.4~48	>48
干基含水率 /g·g^{-1}	1.50~0.90	0.90~0.32	0.32~0.143	0.143~0.024	0.024~0.0036	<0.0036
湿基含水率 /g·g^{-1}	0.6~0.474	0.474~0.242	0.242~0.125	0.125~0.023	0.023~0.0036	<0.0036
污泥表观形态	流态	流态	流态/塑态	塑态/固态	固态	固态

分在逐渐蒸发，其干燥速率和干燥能耗再一次呈近似线性地下降；第 5 阶段（42.4~48min）的污泥内部水分已很少，且与骨架有着较强结合能，干燥速率和干燥能耗再一次出现快速下降；第 6 阶段（48min 之后）污泥的残留水分已接近于零，干燥速率和干燥能耗也接近零。

3.2　污泥热干燥处理及干燥过程研究现状

污泥在出厂处理过程的主要步骤包括浓缩、消化和脱水，经过处理后其含水率依然很高，高含水率的污泥体积十分庞大，后续运输过程成本及处理设备成本居高不下，这些因素使得污泥的整体利用率不高。因此，污泥在出厂后还需要进行进一步的干燥处理，使水分和固体分离。

干燥过程可以使污泥进行深度脱水，污泥干燥通过使用外部热量加热污泥使污泥温度升高，同时使污泥内部水分蒸发去除。其意义在于：（1）使污泥显著减容，体积可以减少 4~5 倍，即“无废社会”中要求的“减量化”；（2）提高污泥含固率，从而提高可利用率；（3）水分蒸发后，污泥内的重金属成分得以固化在内部，不会因为污泥渗滤液流出导致重金属污染的问题；（4）对于有机污泥，通过污泥的干燥处理，可以减少臭味并有效减少病原体数量，可以有效改善产品性状。

污泥干燥的方法很多，主要包括气固体外部热源干燥、太阳能加热干燥、微波干燥及其他方法如：生物干燥、超声波干燥、油炸干燥等。下面以热干燥技术为例，介绍其相关技术和研究。

3.2.1　污泥热干燥处理技术

外部热源干燥（热干燥）是目前被广泛采用的技术。英国的 Bradford 公司最早将这种技术使用到实际的污泥处理之中。采用热干燥是一个能量净支出的过程，每去除 1kg 水的能耗高达 2700~3500kJ，能量费用已经超过了标准干化系统所有运行成本的 80%。污泥的热干燥处理技术一般可以分为直接热干燥方法、间接热干燥方法及直接—间接热干燥方法。

A　直接热干燥方法

直接热干燥方法是采用热气体对流的方式，热气体（例如热烟气、热空气、过热蒸汽等）在整个过程会与被干燥的污泥直接接触，通过对流换热的方式将热量传给污泥。此技术相对成熟，具有代表性的设备包括传送带式、离心式、流化床式、闪蒸式和滚筒式干燥器等。

优点：该种方法污泥与热气体进行直接接触，污泥水分的蒸发及污泥与热气体的热量传递速度很快，通常可以使生活污泥的含水率从 75%降至 15%左右。

缺点：（1）干燥系统能耗高且庞大、复杂；（2）排放的废气依然有一定的热量，导致热能利用率较低；（3）作为干燥介质的热气体温度较高，在气体快速流动时会形成很多细小的粉尘漂浮，在存在大量氧气的情况下有闪爆的危险，必须做好相应的安全措施；（4）采用直接干燥方法进行污泥干燥时，污泥中的有机物会进行挥发甚至发生燃烧，燃烧的废气会污染干燥介质，因此有必要对该方法中产生的废气和废水进行处理。

B 间接热干燥方法

间接干燥相对直接干燥而言，其干燥介质（如：热气体、高温热等）不与被干燥的污泥直接接触，污泥与干燥介质采用金属分开，干燥介质的热量是通过金属壁面导热的方式传给污泥。此技术的代表有桨叶式干燥器、转盘式干燥器、多层台阶式干燥器和中空螺旋式干燥器等。

优点：（1）热量通过导热装置传递给污泥，干燥介质不和污泥直接接触，不会受到污染，干燥后不需要再进行污泥分离操作；（2）污泥中的物质不会和干燥介质进行反应，无需对排放的气体进行处理；（3）金属壁面等导热介质可经过循环系统加热后再次对污泥进行加热干燥；（4）系统内部气体流动性小，因此粉尘浓度低，系统安全性较高。

缺点：（1）由于污泥在含有一定量水分时具有很高的黏附性，在金属壁面等导热装置上黏结的污泥会产生很大的热阻，导致热量传递较慢，蒸发效率、热传输效率都降低（低于直接热干燥技术）；（2）污泥间接干燥的导热部件以及运动部件较为复杂，设备维护相对复杂。

由于该方法是采用间接换热的方式，因此其换热效率较低，污泥水分的蒸发效率也低于直接干燥。

C 直接—间接热干燥方法

该方法是“直接—间接”方法的结合，换热过程采用对流和导热的结合，因此具备前两种方法的优点。此方法的代表公司有 VOMM 公司、Sulzer 公司及 Envirex 公司，代表性设备包括高速涡轮薄膜干化器、新型流化床干燥设备等。

总的来说，目前大多数公司所采用的污泥热干燥方法虽然干燥效率较高，但是热量的总体利用率较低，热量需要量大，运行成本较高。

3.2.2 关键干燥参数

3.2.2.1 湿物料含水率 MC(g/g)

湿物料含水率常用表示方法：

（1）湿基含水率（wb）：水分在湿物料中的质量比，即：

$$\text{湿基含水率} = \frac{\text{湿物料中水分质量}}{\text{湿物料总质量}} \tag{3-3}$$

工业上通常用这种方法表示湿物料的含水率。

(2) 干基含水率 (db)：湿物料中的水分在绝干物料的质量比，即：

$$干基含水率 = \frac{湿物料中水分质量}{湿物料中绝干物料质量} \tag{3-4}$$

由于在干燥过程中，绝干物料量不发生变化，因此在干燥计算中采用干基含水率更为方便。本文研究中，含水率采用干基含水率表示。

3.2.2.2 干燥系统热效率 $\eta(\%)$：

$$\eta = \frac{蒸发水分所需热量}{向干燥系统输入的总热量} \times 100\% \tag{3-5}$$

$$蒸发单位质量水分所需热量 = C_{p,\ w}(T_{w,\ boil} - T_1) + H_{evap,\ w} + C_{p,\ v}(T_2 - T_{w,\ boil})$$

式中 下标 p，evap——分别表示定压状态和蒸发状态；

下标 w，v——分别表示液态水和水蒸气；

$C_{p,w}$，$C_{p,v}$——分别表示液态水和水蒸气的比热容，J/(kg·℃)；

$H_{evap,w}$——水分蒸发潜热，J/kg；

$T_{w,boil}$——水分沸点温度,℃；

T_1，T_2——分别表示水分进入和离开干燥系统的初始温度和最终温度,℃。

3.2.2.3 物料水分比（或称含水百分比）MR（无量纲）

干燥过程常用无量纲数水分比描述，其值为处理过程中某一时刻物料内部待除去的水分含量与物料内部初始水分含量之比。定义式如下：

$$MR = \frac{MC_t - MC_e}{MC_0 - MC_e} \tag{3-6}$$

式中 MC_t——干燥过程 t 时刻物料干基含水率，g/g；

MC_e——干燥平衡时物料干基含水率，g/g；

MC_0——初始物料干基含水率，g/g。

在前人研究中，针对蔬菜、污泥、谷物等薄层干燥过程提出了多种形式的水分比计算模型，如表 3-4 所示。

表 3-4 经验薄层干燥（扩散）模型

模型类型	模型名称	方程式
单指数模型	Lewis (Newton)	$MR = \exp(-kt)$
	Henderson and Pabis	$MR = a\exp(-kt)$
	Page	$MR = \exp(-kt^y)$

续表 3-4

模型类型	模型名称	方程式
单指数模型	Modified Page Ⅰ (Overhults)	$MR = \exp(-(kt)^{y})$
	Modified Page Ⅱ	$MR = a\exp(-kt^{y})$
	Simplified Fick's diffusion equation	$MR = a\exp(-k(t/L^2))$
	Logarithmic	$MR = a\exp(-kt) + b$
	Midilli	$MR = a\exp(-kt^{y}) + bt$
	Demir	$MR = a\exp(-kt)^{y} + b$
	Aghbashlo	$MR = \exp(-k_1 t/(1 + k_2 t))$
	Cai	$MR = a\exp(-(kt)^{y}) + b$
双指数模型	Verma	$MR = a\exp(-kt) + (1-a)\exp(-bt)$
	Two term	$MR = a\exp(-k_1 t) + b\exp(-k_2 t)$
	Two term exponential	$MR = a\exp(-kt) + (1-a)\exp(-kat)$
	Diffusion approach	$MR = a\exp(-kt) + (1-a)\exp(-kbt)$
三指数模型	Modified Henderson and Pabis	$MR = a\exp(-k_1 t) + b\exp(-k_2 t) + c\exp(-k_3 t)$
经验模型	Weibull distribution	$MR = \exp(-(t/a)^{b})$
	Thompson	$t = a\ln MR + b(\ln MR)^2$
	Wang and Singh	$MR = 1 + at + bt^2$

针对本节工况，干燥模型的建立参考了前人的低含水率热风对流薄层污泥干燥模型建立的思路。对于薄层污泥干燥和厚层污泥干燥都可使用上述经验模型。届时将会通过大量实验来筛选出最佳模型，并对模型中的 a、k、y 等参数进行拟合求解，以获得适合本文的干燥模型。

另外，常用卡方系数χ^2、决定系数 R^2和均方根误差 $RSME$ 来衡量模型的拟合效果。参数的数学表达式为：

$$\chi^2 = \frac{\sum_{i}^{N} (MR_{\exp,i} - MR_{\mathrm{pre},i})^2}{N - n} \tag{3-7}$$

$$R^2 = \frac{\sqrt{\dfrac{\sum_{i}^{N} (MR_{\exp,i} - MR_{\mathrm{pre},i})^2}{N}}}{\sqrt{\dfrac{\sum_{i}^{N} (\overline{MR_{\exp,i}} - MR_{\mathrm{pre},i})^2}{N}}} \tag{3-8}$$

$$RSME = \sqrt{\frac{\sum_{i}^{N} (MR_{\exp,i} - MR_{\mathrm{pre},i})^2}{N}} \tag{3-9}$$

式中　$MR_{\exp,i}$——第 i 个实验获得的水分比；

$MR_{\mathrm{pre},i}$——第 i 个预测得到的水分比；

N——实验数据个数；

n——常数个数。

3.2.2.4　水分等扩散系数 D_{eff}(m^2/s)

在物料干燥的过程中，可以把干燥过程简化为水分从物料内部向外界的扩散过程，可根据实验结果利用 Fick 第二定律（Fick's second law）反推出物料中水分的有效扩散系数。温度、含水率、物料几何形状及尺寸等参数都能影响扩散系数。对于不同几何形状的物料，其干燥过程扩散系数有不同的计算方法：

无限大平板：

$$MR = \frac{8}{\pi}\sum_{n=0}^{\infty}\frac{1}{(2n+1)^2}\exp\left(-\frac{(2n+1)^2\pi^2 D_{\mathrm{eff}}t}{4L^2}\right) \tag{3-10}$$

无限长圆柱：

$$MR = \sum_{n=0}^{\infty}\frac{4}{R_0^2R_n^2}\exp(-D_{\mathrm{eff}}R_n^2t) \tag{3-11}$$

圆球或颗粒：

$$MR = \frac{6}{\pi^2}\sum_{n=1}^{\infty}\frac{1}{n^2}\exp\left(-\frac{n^2\pi^2D_{\mathrm{eff}}t}{R_0^2}\right) \tag{3-12}$$

式中　L——物料层干燥厚度或实际厚度的一半，m；

R_0——圆柱或圆球形物料的半径，m；

R_n——零阶第一类贝塞尔函数 $J_0(R_0R_n)=0$ 的正根，是一个常数数列。

若干燥时间足够长，上述三个方程都是取第一项来预测水分比 MR 就足够精确。

3.2.2.5　水分扩散活化能 E_a(J/mol)

根据阿伦尼乌斯方程（Arrhenius equation）建立干燥情况下活化能和有效扩散系数之间的关系：

$$D_{\mathrm{eff}} = D_0\exp\left(-\frac{E_a}{R_aT}\right) \tag{3-13}$$

式中　D_0——指前因子，m^2/s；

R_a——气体常数，8.3143J/(mol · K)。

3.2.2.6 干燥速率 DR(g/(g · min))

物料的失水效果用干燥速率表示，其计算方法为：

$$DR = -\frac{MC_{t+\Delta t} - MC_t}{\Delta t} \tag{3-14}$$

式中 MC_t——干燥过程中 t 时刻物料干基含水率，g/g；

$MC_{t+\Delta t}$——干燥过程中 $t+\Delta t$ 时刻物料干基含水率，g/g。

3.2.3 常见干燥模型

污泥属于典型的多孔介质，其中的固相物质作为骨架，骨架间的间隙为孔隙，在孔隙中充满了水分、气体和其他物质。污泥的孔隙空间是互相连接的，多个孔隙之间的物质可以相互流动。多孔介质内部容水结构异常复杂、尺度微小，其干燥是一种非常复杂的传输过程，包含质量、能量和动量的传递。当污泥进行热干燥时，一方面，污泥会从外部干燥介质中吸取热量，即热量由湿污泥的表面向内部进行传递；另一方面，污泥内部孔隙中的水分则向外迁移，直到污泥的含水率达到工艺要求的最小含水率为止。

多孔介质材料根据材料是否吸收水分可以分成非吸湿性和吸湿性两种类型，其特点如表 3-5 所示。

表 3-5 多孔介质分类

多孔介质类型	多孔介质特点
非吸湿性	孔隙清晰且十分容易辨别； 当孔隙中液体饱和时，液体将充满全部孔隙； 当介质完全干燥时，气体充满全部孔隙； 骨架结构在干燥时不收缩
吸湿性	孔隙清晰且相对容易辨别； 孔隙中物理结合水较多； 骨架结构在干燥时收缩

由于本书涉及的是较低含水率的工业污泥热干燥，污泥回潮现象很弱，故将污泥简化为非吸湿性多孔介质材料。对于非吸湿性多孔介质，有三大类经典干燥数学方法：集总参数方法、扩散方法和扩散—蒸发方法。

3.2.3.1 集总参数方法

原理：将在一定范围内分布的参数（如温度、含水率等）根据其分布规律人为地用某种平均值进行代替。即简化为试样的温度和含水率都均匀分布，且试样温度与外部热源干燥介质的温度一致。这两个假设在计算过程中会引起一定的误差。这些误差在进行污泥干燥计算的开始阶段比较明显，但降低物料的厚度可以明显地减少计算的误差。此模型多用于超薄物料的干燥计算，如涂料干燥。

控制方程：

$$\begin{cases} 质量守恒:\dfrac{\partial MC}{\partial t} = h_{m}A(MC - MC_{amb}) + N_{evap} \\ 能量守恒:\dfrac{\partial T}{\partial t} = \dfrac{1}{mC_{p}}(hA(T - T_{amb}) + Q_{evap}) \end{cases} \tag{3-15}$$

式中 T，T_{amb}——分别表示试样和环境的环境温度,℃；

MC，MC_{amb}——分别表示试样和环境的干基含水率，g/g；

m——试样质量，g/g；

C_p——试样比热容，J/(kg · ℃)；

h——试样与环境对流传热系数，W/(m^2 · s)；

h_m——试样与环境对流传质系数，g/(m^2 · s)；

A——试样表面积，m^2；

Q_{evap}——试样水分蒸发热量损失源项，W；

N_{evap}——试样水分蒸发质量损失源项，g/s。

3.2.3.2 扩散方法

扩散模型主要基于以下原理：（1）污泥中的水分从污泥内部到污泥表面的过程以扩散的方式进行；（2）水分的蒸发过程只有在污泥的表面才会发生。该方法忽略了气相因素影响，只有温度、含水率和表面蒸发率三个影响因素。

最经典的是 Lewis 提出的液态扩散理论，该理论认为污泥在干燥时内部会出现水分浓度的梯度，从而驱使水分以液体扩散的方式向表面传输。目前该理论在谷物、食品等球形或薄层状物料的干燥过程中使用较多，计算时其扩散系数认定保持恒定，或者设定其是一个符合 Arrhenius 方程与温度成指数关系。

许多学者对该方法进行了改进，以 Fick 第二定律为例，作为简化，计算过程中将所有影响因素全部计入水分的扩散系数进行模拟，该参数被定义为“水分有效扩散系数 D_{eff}”，单位 m^2/s。

试样内部控制方程：

$$\frac{\partial MC}{\partial t} = \nabla \cdot (D_{eff} \nabla MC) \tag{3-16}$$

式中 D_{eff}——试样等效热扩散系数，m^2/s。

有效扩散系数 D_{eff}根据实际实验数据总结得出，这样修正后的模型就弥补了因为理论偏差所造成的误差，该方法在多孔介质物质的干燥中得到广泛应用。

3.2.3.3 扩散—蒸发方法

原理：毛细多孔介质中的水分会被毛细孔隙束缚从而阻止其扩散，因此当水分饱和度降低至束缚饱和度时，水分就不会进行扩散，只能通过蒸发的方法离开多孔介质，蒸发的程度与液相水饱和度成正比。使用扩散蒸发方法时，水分先在污泥的表面进行蒸发，然后在内部进行蒸发，该模型在使用时需要考虑多个影响因素（如温度、蒸发速率、水蒸气密度、液相水饱和度等），模型较为复杂。

最经典的是 Luikov 理论，该理论以不可逆输运过程的热力学定律为基础，认为污泥干燥时，内部水蒸气、空气和水分分子同时进行传输。这些传输过程都可以被称作“扩散”，同时这些传输过程都可以用 Fick 第二定律来进行描述。该模型同时考虑了温度、含水率和压力的影响，并认为浓度梯度和温度梯度对于多孔介质的水分迁移同时起作用。该方法定义了质量、动量和能量守恒方程组来描述多孔介质干燥过程中内部传热传质的关系。

试样内部控制方程经典形式：

$$\begin{cases} \text{质量守恒}: \dfrac{\partial MC}{\partial t} = K_{11}\nabla^2 MC + K_{12}\nabla^2 P + K_{13}\nabla^2 T \\ \text{动量守恒}: \dfrac{\partial P}{\partial t} = K_{21}\nabla^2 MC + K_{22}\nabla^2 P + K_{23}\nabla^2 T \\ \text{能量守恒}: \dfrac{\partial T}{\partial t} = K_{31}\nabla^2 MC + K_{32}\nabla^2 P + K_{33}\nabla^2 T \end{cases} \tag{3-17}$$

式中 $K_{11} \sim K_{33}$——模型的耦合系数，m^2/s；

P——多孔介质中的压力，Pa。

后来的研究者将该方法称为三参数模型，该模型的理论论证十分严谨，使用上具有非常好的通用性，但其中的 9 个耦合系数计算困难，降低了它的实用性。

4 污泥与高温钢渣耦合处理数学模型

污泥与高温钢渣耦合处理过程采用滚筒作为其处理装置，处理过程涉及颗粒群运动过程、颗粒群换热过程、水分迁移及蒸发过程等物理过程。该耦合处理过程的核心其实就是多种颗粒物的耦合，对于该耦合过程的数学描述和解析，本章将从这些耦合本身作为出发点，建立数学模型。

4.1 耦合处理过程物理模型

图 4-1 为滚筒装置的结构图，滚筒入口在右上方，出口在左下方，前（右）半部分是破碎段，其中装有抄板，放有钢球做研磨介质，相当于球磨机，对熔融炉渣进行破碎及污泥初步干燥；中间是筛板，破碎出来的炉渣小颗粒和污泥可通过；滚筒后（左）半部分是扬料段，其中装有扬料板，可增强炉渣与污泥的混合换热，加快污泥干燥速率，且对污泥进一步粉化，相当于滚筒干燥器。

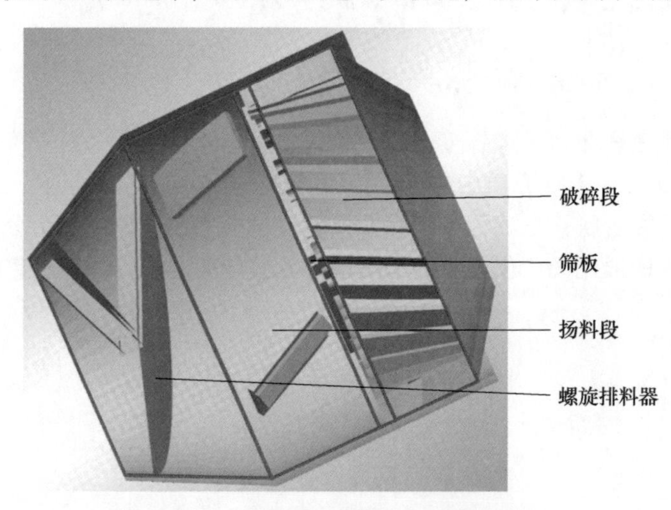

图 4-1　滚筒装置结构图（物理模型）

本章对滚筒装置内颗粒的流动和传热进行数值模拟，采用 1 ∶ 1 的比例，建立了滚筒装置物理模型，将滚筒内壁面设为边界壁面。

4.2 简化假设

由于滚筒内的物料处理过程是一个极其复杂的三相传热传质过程，需要进行适当的简化假设：

（1）炉渣、钢球及污泥都按标准固体圆球形颗粒来考虑。由于污泥的运动过程简化较多，本研究会对物料运动参数进行一定的标定，以保证运动过程模拟结果与实验过程的相同。

（2）考虑到计算量的问题，模型不专门计算滚筒内部气体（热空气和热水蒸气）的流场、温度场等。认为气体存在一定的上升速度，筒内气体温度均匀，忽略颗粒接触区域对热对流的影响。采用经验公式计算颗粒与周围气体间的对流传热系数。同时采用集总参数法考虑颗粒传热。

（3）模拟过程中涉及熔融炉渣凝固破碎和污泥浆干燥结块及粉化两过程，目前暂无仿真软件能模拟。采用固体颗粒近似模拟这两种液态物质，不过对颗粒运动及传热传质模型都会进行修改。通过在颗粒间施加额外的法向力来使颗粒流产生黏性，表现出近似黏性流体的特性。颗粒的传热和传质系数也会根据实验进行标定，保证模拟结果与实验结果相同。

（4）颗粒-颗粒或颗粒-壁面的辐射传热只考虑相接触情况的辐射，远距离的辐射忽略。

（5）由于泥浆和熔渣在运行过程中都存在相变的过程，而且不同相状态下的泥浆或熔渣的物理性质相差很大，所以对不同的相状态采用不同的方法进行解析计算。

（6）冷却介质吸热、熔渣凝固及换热等过程也有简化，可分别详见下文。

4.3　物料运动、黏结及破碎过程数学模型

4.3.1　运动方程模型

滚筒内污泥与渣耦合处理运动过程采用离散单元法（DEM）进行模拟研究，该种方法将整个系统看作一个集合，系统中的每个颗粒可以作为一个单元。在Lagrange体系下通过牛顿第二定律和颗粒间的应力-应变定律对体系内每个颗粒单元进行动力学模拟。颗粒运动包括平动和转动，其本构方程为：

$$m_{p1}\frac{\partial \boldsymbol{v}_{p1}}{\partial t}=\boldsymbol{F}_{p1,g}+\sum \boldsymbol{F}_{p12,c} \tag{4-1}$$

$$\boldsymbol{I}_{p1}\frac{\partial \boldsymbol{\omega}_{p1}}{\partial t}=\sum(\boldsymbol{T}_{p1}+\boldsymbol{M}_{p1}) \tag{4-2}$$

式中　下标 p1，p2——任意两个接触的颗粒；

下标 p12——颗粒 1 和颗粒 2 之间；

m——颗粒质量，kg；

$\boldsymbol{v}$——平移速度，m/s；

$\boldsymbol{\omega}$——角速度，rad/s；

$\boldsymbol{I}$——惯量，kg · m²；

$\boldsymbol{F}_{p1,g}$——颗粒 1 所受的体积力和场力，N；

$\sum \boldsymbol{F}_{p12,c}$——颗粒 1 与颗粒 2 的接触力，涉及颗粒的弹性力和摩擦力等，N；

$\boldsymbol{T}_{p1}$——颗粒 1 所受的切向力力矩，N · m；

$\boldsymbol{M}_{p1}$——颗粒 1 所受的滚动摩擦力力矩，N · m。

4.3.2　接触力计算模型

物料系统中，颗粒在滚筒中运动时会相互碰撞，从而产生相互作用力。颗粒的相互接触模型是 DEM 数学模型的核心。滚筒内的物料系统中，颗粒体之间和颗粒与壁面之间的相互作用关系采用 Hertz-Mindlin 模型描述。Hertz-Mindlin 模型原理如图 4-2 所示。

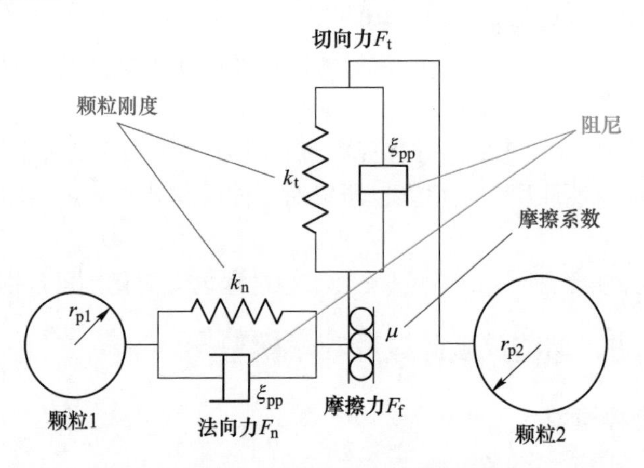

图 4-2　Hertz-Mindlin 模型原理示意图

当颗粒与颗粒（或颗粒与滚筒壁面）进行相互接触时会发生形变，产生接触力 $\boldsymbol{F}_{p12,c}$。接触力可分解为法向分量 $\boldsymbol{F}_n$ 和切向分量 $\boldsymbol{F}_t$，法向接触力包括法向弹性应力 $\boldsymbol{F}_n^e$ 和法向阻尼力 $\boldsymbol{F}_n^d$，切向接触力包括切向弹性应力 $\boldsymbol{F}_t^e$ 和切向阻尼力 $\boldsymbol{F}_t^d$。法向接触力基于 Hertzian 理论，切向接触力基于 Mindlin 理论。颗粒与颗粒间的各种接触力计算方法如下。

（1）法向弹性应力：

$$\boldsymbol{F}_n^e = -\frac{4}{3}E^* (r^*)^{1/2} |\boldsymbol{\delta}_n|^{3/2} \boldsymbol{n}_{p1} \tag{4-3}$$

式中　E^*——当量杨氏模量，Pa；

r^*——当量颗粒半径，m；

$\boldsymbol{\delta}_n$——颗粒 1 和颗粒 2 发生弹性接触时的法向重叠量，m；

$\boldsymbol{n}_{p1}$——由颗粒1质心指向接触点的法向单位向量。

E^*可由下式求取：

$$\frac{1}{E^*}=\frac{1-\nu_{p1}^2}{E_{p1}}+\frac{1-\nu_{p2}^2}{E_{p2}} \tag{4-4}$$

式中 ν_{p1}，ν_{p2}——颗粒1和颗粒2各自的泊松比；

E_{p1}，E_{p2}——颗粒1和颗粒2各自的杨氏模量，Pa。

r^*可由下式求取：

$$\frac{1}{r^*}=\frac{1}{r_{p1}}+\frac{1}{r_{p2}} \tag{4-5}$$

式中 r_{p1}，r_{p2}——颗粒1和颗粒2各自的半径。

$\boldsymbol{\delta}_n$可由下式求取：

$$|\boldsymbol{\delta}_n|=r_{p1}+r_{p2}-l_{pp} \tag{4-6}$$

式中 l_{pp}——颗粒1和颗粒2的中心间距。

颗粒间的接触面为圆形，接触半径为：

$$r_c=\sqrt{|\boldsymbol{\delta}_n|r^*} \tag{4-7}$$

（2）法向阻尼力：

$$\boldsymbol{F}_n^d=-2\sqrt{\frac{5}{6}}\xi_{pp}\sqrt{k_n m^*}\boldsymbol{v}_n^{rel} \tag{4-8}$$

式中 ξ_{pp}——临界阻尼系数；

m^*——当量颗粒质量，kg；

$\boldsymbol{v}_n^{rel}$——颗粒间法向相对速度，m/s。

ξ_{pp}可由下式求取：

$$\xi_{pp}=\frac{\ln(e)}{\sqrt{\ln^2(e)+\pi^2}} \tag{4-9}$$

式中 e——恢复系数。

k_n可由下式求取：

$$k_n=2E^*\sqrt{r^*|\boldsymbol{\delta}_n|} \tag{4-10}$$

m^*可由下式求取：

$$m^*=\frac{m_{p1}m_{p2}}{m_{p1}+m_{p2}} \tag{4-11}$$

（3）法向接触力：

$$\boldsymbol{F}_n=\boldsymbol{F}_n^e+\boldsymbol{F}_n^d \tag{4-12}$$

（4）切向弹性应力：

$$\boldsymbol{F}_t^e=-k_t\boldsymbol{\delta}_t \tag{4-13}$$

式中　$\boldsymbol{\delta}_t$——颗粒 1 和颗粒 2 发生弹性接触时的切向重叠量，m。

k_t可由下式求取：

$$k_t = 8G^* \sqrt{r^* |\boldsymbol{\delta}_n|} \tag{4-14}$$

式中　G^*——当量剪切模量，Pa；

G^*可由下式求取：

$$\frac{1}{G^*} = \frac{2 - \nu_{p1}}{G_{p1}} + \frac{2 - \nu_{p2}}{G_{p2}} \tag{4-15}$$

式中　G_{p1}，G_{p2}——颗粒 1 和颗粒 2 各自的剪切模量，Pa。

颗粒自身的杨氏模型 E_p、剪切模量 G_p和泊松比 ν_p有如下关系：

$$E_p = 2G_p(1 + \nu_p) \tag{4-16}$$

（5）切向阻尼力：

$$\boldsymbol{F}_t^d = -2\sqrt{\frac{5}{6}}\xi_{pp}\sqrt{k_t m^*}\,\boldsymbol{v}_t^{rel} \tag{4-17}$$

式中　$\boldsymbol{v}_t^{rel}$——颗粒间切向相对速度，m/s。

（6）库仑摩擦力：

$$|\boldsymbol{f}_t| = -\mu_s |\boldsymbol{F}_n| \tag{4-18}$$

式中　μ_s——滑动摩擦系数。

（7）切向接触力：

$$\boldsymbol{F}_t = \min(\boldsymbol{f}_t, (\boldsymbol{F}_t^e + \boldsymbol{F}_t^d)) \tag{4-19}$$

在式（4-2）中，颗粒 1 所受力矩分为切向力力矩和滚动摩擦力力矩两个分量。

（8）切向力力矩：

$$\boldsymbol{T}_{p1} = \boldsymbol{r}_{p1} \times \boldsymbol{F}_t \tag{4-20}$$

式中　$\boldsymbol{r}_{p1}$——由颗粒 1 质心到接触点的距离矢量，m。

（9）滚动摩擦力力矩：

$$\boldsymbol{M}_{p1} = -\boldsymbol{r}_{p1} \times (\mu_r \boldsymbol{F}_n) \tag{4-21}$$

式中　μ_r——滚动摩擦系数。

模型中泊松比 ν、剪切模量 G 和恢复系数 e 等参数由实验测得。

实际熔融炉渣和高含水率污泥都存在黏性，在使用固体颗粒模拟其运动过程时需考虑颗粒间黏聚力，以模拟出接近真实的效果。目前的颗粒运动数学模型中，主要针对黏性的模型有 Linear Cohesion 模型和 JKR 模型[81]。Linear Cohesion 模型是对原有的 Hertz-Mindlin 模型进行修正，修正的思路是在法向接触力 $\boldsymbol{F}_n$处外加一个法向结合力 $\boldsymbol{F}_n^c$（黏聚力）。JKR 模型的优点是充分考虑了系统中的范德华力。综合考虑，本文采用 Linear Cohesion 模型模拟颗粒间的黏性。其计算原理为：

$$F_n^c = \gamma A_c \tag{4-22}$$

式中 γ——内聚能量密度，J/m^3；

A_c——不同颗粒之间的相互接触面积，m^2。

针对在极端条件下会出现熔渣在进入滚筒前已形成固态块体的情况，进入滚筒内会被钢球破碎。针对此种情况，接触模型需选用 Hertz-Mindlin with Bonding 模型。该模型最早由 Potyondy and Cundal 提出[82]，通过若干相同或不同直径颗粒的堆积黏结形成可破碎的块体（颗粒簇）模型。其原理如图 4-3 所示，在接触半径 r_c范围内能重叠的颗粒元间引入虚拟黏结键来反映块体的微观接触力学特性，黏结键可以传递颗粒间的接触力和扭矩，并且它具有抗拉、抗扭及抗剪的力学特性。如果颗粒间的应力超过黏结的拉伸强度，则黏结键的断裂，块体破碎。此后，颗粒将视作刚体球体进行接触求解。

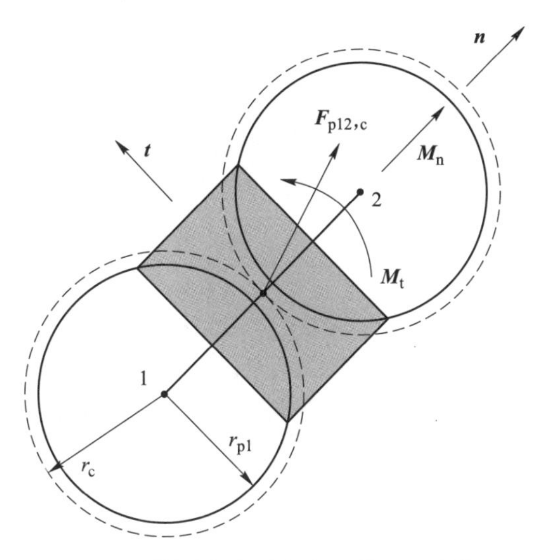

图 4-3 颗粒之间的接触与黏结键力学模型

模拟过程中，颗粒簇在 t_{BOND}时刻黏结成一个整体。在黏结前，不同颗粒间的作用力用 Hertz-Middlin 接触模型来描述。黏结后，颗粒上的黏结力 $\boldsymbol{F}_n$，$\boldsymbol{F}_t$和力矩 $\boldsymbol{M}_{n,}$，$\boldsymbol{M}_n$为 0，并应用下列等式随着时间步长的增加进行更新：

$$\delta \boldsymbol{F}_n = -\boldsymbol{v}_n k_n A \delta t \tag{4-23}$$

$$\delta \boldsymbol{F}_t = -\boldsymbol{v}_t k_t A \delta t \tag{4-24}$$

$$\delta \boldsymbol{M}_n = -\boldsymbol{\omega}_n k_t J \delta t \tag{4-25}$$

$$\delta \boldsymbol{M}_t = -\boldsymbol{\omega}_t k_n \frac{J}{2} \delta t \tag{4-26}$$

$$A = \pi r_B^2 \tag{4-27}$$

$$J = \frac{1}{2}\pi r_{\mathrm{B}}^{4} \tag{4-28}$$

式中　A——颗粒间接触区域面积，m^2；

$\boldsymbol{v}_{\mathrm{n}}$，$\boldsymbol{v}_{\mathrm{t}}$——颗粒法向和切向速度，m/s；

$\boldsymbol{\omega}_{\mathrm{n}}$，$\boldsymbol{\omega}_{\mathrm{t}}$——颗粒法向和切向角速度，rad/s；

k_{n}，k_{t}——法向和切向刚度；

r_{B}——黏结键半径（接触半径），m；

δt——时间步长，s。

当法向和切向应力超过某个预先设定的阈值时，黏结键断裂：

$$\sigma_{\max} < \frac{-\boldsymbol{F}_{\mathrm{n}}}{A} + \frac{2\boldsymbol{M}_{\mathrm{t}}}{J} r_{\mathrm{B}} \tag{4-29}$$

$$\tau_{\max} < \frac{-\boldsymbol{F}_{\mathrm{t}}}{A} + \frac{2\boldsymbol{M}_{\mathrm{n}}}{J} r_{\mathrm{B}} \tag{4-30}$$

这些黏结力和力矩是额外加到标准 Hertz-Mindlin 模型中的。为保证块体能有足够的机械强度，接触半径应当设置得比实际半径大 10%～25%。该模型只能用于颗粒间。

4.3.3　运动过程模型求解

颗粒的加速度和角加速度由牛顿运动定律（即公式（4-1）和公式（4-2））计算获得，利用中心差分法对其进行关于时间步长 Δt 的积分，可获得颗粒速度和角速度的改变量，并更新颗粒速度和角速度（两次迭代时间步长的中间点对应的速度和角速度）：

$$\boldsymbol{v}_{\mathrm{p},t+\Delta t/2} = \boldsymbol{v}_{\mathrm{p},t-\Delta t/2} + \frac{\sum \boldsymbol{F}_{\mathrm{p},t}}{m_{\mathrm{p}}} \Delta t \tag{4-31}$$

$$\omega_{\mathrm{p},t+\Delta t/2} = \boldsymbol{\omega}_{\mathrm{p},t-\Delta t/2} + \frac{\sum (\boldsymbol{T}_{\mathrm{p},t} + \boldsymbol{M}_{\mathrm{p},t})}{\boldsymbol{I}_{\mathrm{p},t}} \Delta t \tag{4-32}$$

式中　$\boldsymbol{v}_{\mathrm{p},t}$——颗粒 p 在 t 时刻的速度矢量，m/s；

$\boldsymbol{F}_{\mathrm{p},t}$——颗粒 p 在 t 时刻的所受力矢量，m/s；

$\boldsymbol{\omega}_{\mathrm{p},t}$——颗粒 p 在 t 时刻的角速度矢量，rad/s；

$\boldsymbol{T}_{\mathrm{p},t}$——颗粒 p 在 t 时刻的所受切向力矩，N · m；

$\boldsymbol{M}_{\mathrm{p},t}$——颗粒 p 在 t 时刻的所受滚动摩擦力矩矢量，N · m；

$\boldsymbol{I}_{\mathrm{p},t}$——颗粒 p 在 t 时刻的转动惯量，kg · m^2。

采用中心差分的方法对颗粒的运动线速度和角速度进行关于 Δt 的积分可分别获得颗粒的移动距离和转动角度，并更新颗粒移动自由度和转动自由度上的值：

$$\boldsymbol{s}_{\mathrm{p},t+\Delta t} = \boldsymbol{s}_{\mathrm{p},t} + \boldsymbol{v}_{\mathrm{p},t+\Delta t/2} \Delta t \tag{4-33}$$

$$\boldsymbol{\theta}_{p,t+\Delta t} = \boldsymbol{\theta}_{p,t} + \boldsymbol{\omega}_{p,t+\Delta t/2}\Delta t \tag{4-34}$$

在下一个时间步长中，之前求得颗粒的新位置带入到各项作用力的计算中，求得本次颗粒的位移，这样就实现了所有颗粒在任意时刻运动的跟踪。这就是离散单元法（DEM）的求解过程，具体流程如图4-4所示。

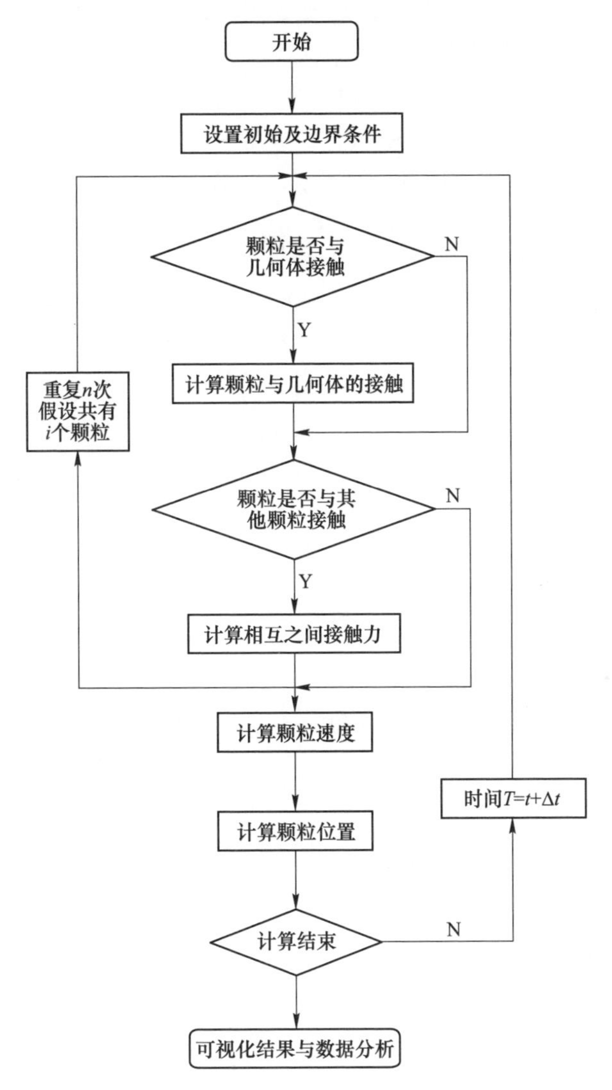

图4-4 离散单元法（DEM）流程图

为了保证炉渣颗粒黏结模型（Bonding模型）的可靠性，需设定的参数除了DEM所需的炉渣、钢球和滚筒的基本物性参数外，还需设定内炉渣块体相应的力学强度参数。

力学强度参数是指虚拟炉渣块体模型中，黏结颗粒之间的相互作用参数，主要有：法向刚度系数 k_n、切向刚度系数 k_t、最大法向强度 σ_{max} 和最大切向强度 τ_{max}。基本物性参数可通过实验测量，但力学强度参数目前还没有一种有效的实验测量方法。

目前学者们提出的解决方法为估算法[83-86]：首先，实验测量特定形状的炉渣块体试样力学性质，确定其抗拉或抗压强度值；其次，通过相应公式大致估算出初始的颗粒间的相互作用参数，再根据估算值合理选定标定范围；最后再通过大量的力学虚拟试验（DEM 模拟）去校核选定范围内的参数值，直到目标块体在虚拟试验结果中的强度值与实测强度值之间的误差最小。需要进行估算的主要参数包括：颗粒系统单位面积上的法向刚度 k_n、颗粒系统单位面积上的切向刚度 k_t、法向极限强度 σ_{max} 和切向极限强度 τ_{max}。估算公式：

$$\bar{r} = \frac{r_{p1} + r_{p2}}{2} \tag{4-35}$$

$$k_n = \frac{AE_c}{l_{pp}} \tag{4-36}$$

$$k_t = \frac{12IE_c}{l_{pp}^3} \tag{4-37}$$

$$\frac{\sigma_c}{\tau_{max}} = 2.11 + 0.38\ln\mu - 0.63\ln\frac{\tau_{max}}{\sigma_{max}} - 0.22\frac{\tau_{max}}{\sigma_{max}}\ln\mu \tag{4-38}$$

$$\frac{E}{E_c} = 0.78 + 0.14\ln\frac{l_{pp}}{\bar{r}} - 0.34\ln\frac{k_n}{k_s} \tag{4-39}$$

式中　σ_c——块体试样实验测量值，Pa；

E，E_c——分别为颗粒的杨氏模量和弹性模量，Pa。

经过超过 20 组虚拟破碎试验的试凑法分析（见图 4-5），最后确定出能描述硬度高且易碎的块体参数范围，作为 DEM 模拟中炉渣块体的力学参数。

图 4-5　虚拟试验效果图

DEM 模拟过程中参数设置如表 4-1~表 4-3 所示。

表 4-1 材料宏观力学参数

材料	密度/$kg \cdot m^{-3}$	泊松比	剪切模量/Pa
炉渣	3100	0.30	4.7×10^{9}
钢材	7800	0.30	7.0×10^{10}

表 4-2 不同物体间相互作用参数

材料名称	恢复系数	材料静摩擦系数	材料滚动摩擦系数
炉渣-炉渣	0.20	0.25	0.20
炉渣-钢材	0.25	0.25	0.10
钢材-钢材	0.70	0.20	0.01

表 4-3 炉渣微观力学性质参数模拟值

法向刚度系数/$N \cdot m^{-1}$	切向刚度系数/$N \cdot m^{-1}$	最大法向强度/Pa	最大切向强度/Pa
1.0×10^{9}	5.0×10^{8}	5.0×10^{5}	4.0×10^{5}

注：滚筒和钢球的材质都统一设置为上述钢材材质。

4.4 多尺寸颗粒系统传热传质模型

在滚筒中，颗粒（炉渣颗粒、钢球及污泥颗粒等）的运动与传热传质是同步进行的。质热传递包括导热、对流、辐射及水分蒸发等模型。影响质热传递的因素有颗粒的物性参数、运动情况、尺寸分布等。此处把颗粒系统简化为单一尺寸的三元颗粒系统（颗粒包括：单一尺寸炉渣颗粒、单一尺寸钢球和单一尺寸污泥颗粒）。针对本文情况，颗粒系统运动使用离散单元法（DEM）描述，同时建立多颗粒尺寸的传热传质模型，耦合进 DEM 运动模型中，以便更准确地模拟颗粒系统的动热质过程。此处不考虑块体破碎和颗粒内部温度梯度。

不同尺寸下颗粒间的换热机理[88]如图 4-6 所示。假设所有颗粒都是圆形，同时其质地都是均匀的，且每个颗粒表面都有气模的存在，其厚度 δ 与颗粒半径 r_p 存在着一一对应的关系，其中气模的厚度在 $0.04r_p \sim 1.0r_p$ 范围内。基于前人假设，单颗粒及其气膜与边界层按规则球形来考虑，颗粒系统的传热过程主要包括导热（固相、气相）、对流（气相）和辐射（固相和气相）。

对于导热部分，当颗粒 1 与颗粒 2 间的球心距离 $l_{pp}>r_{p1}+r_{p2}$时，不考虑颗粒间的导热；当球心距离 $l_{pp}\leqslant r_{p1}+r_{p2}$时，考虑颗粒间的导热。其中，导热部分主要是颗粒、气膜及滚筒壁面之间的导热和内部导热。对流部分主要是颗粒周围气体的相对运动速度涉及颗粒自身运动速度及周围气体受热上升速度。对于辐射部

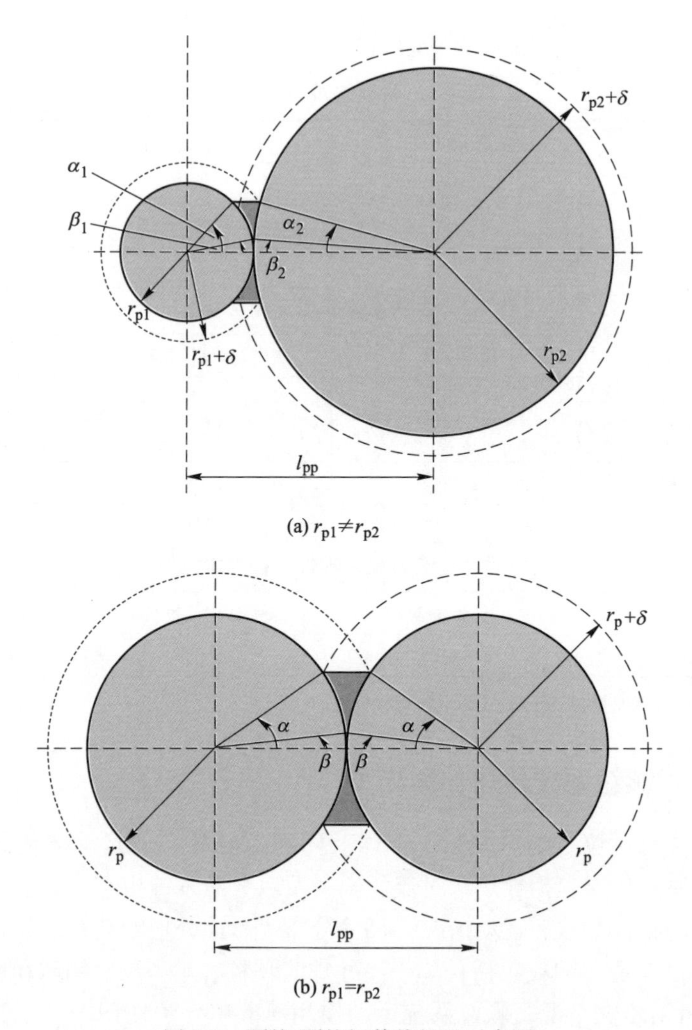

(a) $r_{p1} \neq r_{p2}$

(b) $r_{p1} = r_{p2}$

图 4-6　颗粒-颗粒间传热机理示意图

分，涉及颗粒间的固-固辐射和颗粒与气体间的气-固辐射。假设本例研究所涉及颗粒皆为宏观颗粒，$r_{p1} \leqslant r_{p2}$，$T_{p1} \geqslant T_{p2}$，忽略颗粒内部温度梯度，忽略传热过程中发生的化学反应。下面的传热模型介绍主要以颗粒 1 为基准。

4.4.1　颗粒间导热过程模型

两颗粒间导热热阻（所占球心截面圆周角度$-\alpha \sim \alpha$）包括固体颗粒 1 和颗粒 2 的内部导热热阻 R_{p1} 和 R_{p2}（所占球心截面圆周角度$-\alpha \sim \alpha$）、颗粒接触面的固体导热热阻 R_{pp}（所占球心截面圆周角度$-\beta \sim \beta$）以及非接触面间静止气膜的导热热阻 R_{pgp}（所占球心截面圆周角度$-\alpha \sim -\beta$ 和 $\beta \sim \alpha$）。

4.4.1.1 颗粒接触面的固体导热热阻

采用 Watson 的模型[89,90]来计算通过颗粒接触面的固体导热热阻：

$$\frac{1}{R_{pp}} = 2k^* \left(\frac{3F_{12,n}r^*}{4E^*}\right)^{\frac{1}{3}} \tag{4-40}$$

式中 $F_{12,n}$——颗粒间法向接触力，N；

k^*——颗粒当量导热系数，W/(m·K)；

r^*——颗粒当量半径，m；

E^*——颗粒当量杨氏模量，Pa。

k^*、r^*、E^*可分别按照下式计算：

$$k^* = \frac{2k_{p1}k_{p2}}{k_{p1} + k_{p2}} \tag{4-41}$$

$$\frac{1}{r^*} = \frac{1}{r_{p1}} + \frac{1}{r_{p2}} \tag{4-42}$$

$$\frac{1}{E^*} = \frac{1 - \nu_{p1}^2}{E_{p1}} + \frac{1 - \nu_{p2}^2}{E_{p2}} \tag{4-43}$$

式中 k_{p1}，k_{p2}——分别为颗粒 1 和颗粒 2 导热系数，W/(m·K)；

r_{p1}，r_{p2}——分别为颗粒 1 和颗粒 2 半径，m；

E_{p1}，E_{p2}——分别为颗粒 1 和颗粒 2 杨氏模量，Pa。

4.4.1.2 颗粒非接触面间的气膜导热热阻

以颗粒 1（小颗粒）为基准，两个任意尺寸的颗粒间接触面附近气膜的导热热阻为：

$$\begin{aligned}\frac{1}{R_{pgp}} &= \int \frac{k_g \mathrm{d}A_{pp}}{\Delta l_{pp}} = \int_{\beta_1}^{\alpha_1} \frac{k_g \mathrm{d}[\pi(r_{p1}\sin\theta)^2]}{l_{pp} - r_{p1}\cos\theta - \sqrt{r_{p2}^2 - r_{p1}^2(1 - \cos^2\theta)}} \\ &= \pi r_{p1}^2 k_g \int_{\beta_1}^{\alpha_1} \frac{\sin 2\theta \mathrm{d}\theta}{l_{pp} - r_{p1}\cos\theta - \sqrt{r_{p2}^2 - r_{p1}^2(1 - \cos^2\theta)}}\end{aligned} \tag{4-44}$$

式中 k_g——颗粒间隙气体导热系数，W/(m·K)；

Δl_{pp}——气膜厚度，m；

A_{pp}——气膜横截面积，m^2；

l_{pp}——两颗粒球心间距，m；

α_1——颗粒 1（小颗粒）气膜外表面与颗粒 2 外表面相交所决定的相对于颗粒 1 的角度，(°)；

β_1——两颗粒相接触所决定的相对于颗粒 1 的角度，(°)。

α_1 和 β_1 可由式（4-45）和式（4-46）计算：

$$\alpha_1 = \arccos\left[\frac{l_{pp}^2 + r_{p1}^2 - (r_{p2} + \delta)^2}{2r_{p1}l_{pp}}\right] \tag{4-45}$$

$$\beta_1 = \arccos\left(\frac{l_{pp}^2 + r_1^2 - r_2^2}{2r_1 l_{pp}}\right) \tag{4-46}$$

式中 δ——气膜厚度，m。

对于两颗粒半径相等的情况，式（4-44）可简化成如下形式：

$$\frac{1}{R_{pgp}} = k_g \pi r_p \left[(\cos\alpha - \cos\beta) + \frac{l_{pp}}{2r_p}\ln\left(\frac{l_{pp}/2r_p - \cos\alpha}{l_{pp}/2r_p - \cos\beta}\right)\right] \tag{4-47}$$

式中 r_p——为颗粒半径，m。

气膜厚度 δ 直接决定 R_{pgp}，根据式（4-42），其大小与 R_{pgp} 的关系如图 4-7 所示，从图 4-7 中可以看出，随着气膜横截面积增加，气膜传热能力增强，导致 R_{pgp} 降低，气膜厚度达到颗粒直径的 30%后 R_{pgp} 开始趋于稳定，达到直径的 50%后 R_{pgp} 基本保持不变。针对本书情况，直径不同的两颗粒间，式（4-45）中的气膜厚度取小颗粒直径的 30%（即 $0.6r_{p1}$）；直径相同的两颗粒间，式（4-45）中的气膜厚度取颗粒直径的 10%（即 $0.2r_p$）。

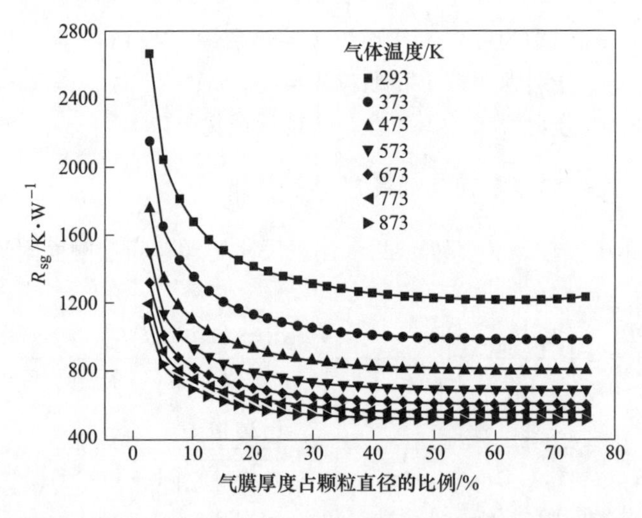

图 4-7 颗粒间气膜热阻 R_{pgp}（即图中 R_{sg}）随厚度的变化关系

4.4.1.3 颗粒导热热阻

在颗粒换热过程中，热量从外部向内部的传递过程是一个复杂的多维非稳态导热过程，如果想从理论上求解颗粒接触过程中的精确温度场非常困难。在计算过程中，假设该过程为准稳态过程，另外，认为两个球形颗粒 1 与球形颗粒 2 接触时导热仅仅局限于以传热表面为顶的球扇形中，该部分形状如图 4-8 所示。

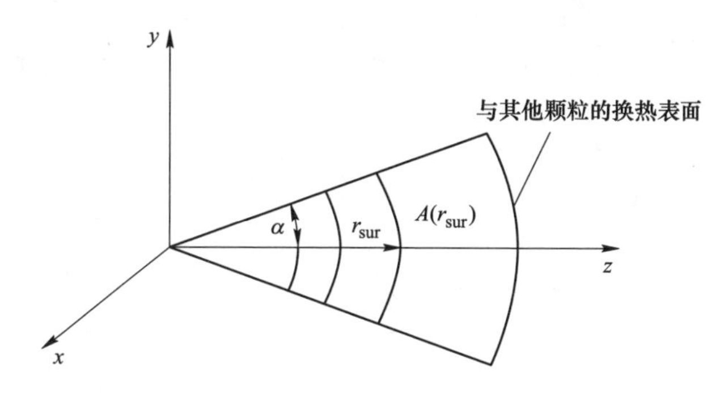

图 4-8 计算颗粒导热热阻的换热表面

该扇形区域在球坐标中可描述为 $0<r_{sur}<r_p$，$0<\theta<\alpha$，$0<\varphi<\alpha$，其中 α 为由公式（4-45）计算得到的角度，r 为滚筒系统中球形颗粒的半径。

由傅里叶定律可知：

$$q_p = k_p A(r_{sur}) \frac{dT_p}{dr_{sur}} \tag{4-48}$$

式中 q_p——颗粒内部导热量，W/(m² · K)；

k_p——导热系数，W/(m² · K)；

$A(r_{sur})$——半径等于 r_{sur} 的球扇形顶部表面积，由曲线公式计算得：

$$A(r^*) = \iint ds = 2\pi r^{*2}(1 - \cos\alpha) \tag{4-49}$$

本例研究情况中，$r_{sur}=r_p$。

假设颗粒内部在球面处的温度都是颗粒的平均温度 $\overline{T}$，该球面的半径 r_m 可由下式计算：

$$2 \times \frac{4}{3}\pi r_m^3 \rho_p = \frac{4}{3}\pi r_p^3 \rho_p \qquad r_m = \frac{r_p}{\sqrt[3]{2}} \tag{4-50}$$

式中 ρ_p——颗粒密度，kg/m³；

r_p——所考察的颗粒 p（任意颗粒）的半径，m。

对式（4-48）在 $r \to r_m$，$T_0 \to \overline{T}$ 间积分并整理得到：

$$\dot{Q}_p = \frac{\overline{T} - T_s}{\dfrac{1}{2\pi k_p(1 - \cos\alpha)}\left(\dfrac{1}{r_m} - \dfrac{1}{r_p}\right)} \tag{4-51}$$

式中 T_s——颗粒表面温度，K。

由此可以求得存在接触的颗粒内部热阻如下：

$$R_p = \frac{1}{2\pi k_p(1 - \cos\alpha)}\left(\frac{1}{r_m} - \frac{1}{r_p}\right) \tag{4-52}$$

计算颗粒1和颗粒2各自内部导热热阻时，α都取颗粒1（小颗粒）的。

4.4.1.4　总热传导热流量

颗粒间总导热热阻：

$$R_{cond} = R_{p1} + \frac{R_{pgp}R_{pp}}{R_{pgp} + R_{pp}} + R_{p2} \tag{4-53}$$

颗粒间总热传导热流量：

$$\dot{Q}_{cond} = \frac{T_{p1} - T_{p2}}{R_{cond}} \tag{4-54}$$

式中　T_{p1}，T_{p2}——分别为颗粒1和颗粒2整体温度，K。

4.4.2　颗粒与气体的对流换热模型

在滚筒内不同气流速度下，对流换热关联式如下[91,92]：

（1）当 Re_p<200 时，采用 Ranz-Maishall 关联式：

$$Nu = 2 + 0.6Pr_g^{1/3}Re_p^{1/2} \tag{4-55}$$

（2）当 200<Re_p<1500 时，采用修正的 Kemp 关联式：

$$Nu = 2 + 0.5Pr_g^{1/3}Re_p^{1/2} + 0.02Pr_g^{1/3}Re_p^{0.8} \tag{4-56}$$

（3）当 Re_p>1500 时，采用修正的 Frantz 关联式：

$$Nu = 2 + 0.000045Re_p^{1.8} \tag{4-57}$$

式中，$Nu=h_pd_p/k_p$，$Pr_g=C_{p,g}\mu_g/k_g$，$Re_p=\rho_gd_p|u_p+v_g|/\mu_g$。$|u_p+v_g|$是颗粒和周围气体的相对速度。本例研究中，颗粒运动速度$\boldsymbol{u}_p$由运动模型计算获得，假设热空气和热水蒸气的上升速度$\boldsymbol{v}_g$分别为0.05m/s和0.1m/s，忽略颗粒接触区域对热对流的影响。基于以上式子，可求出颗粒与周围气体间的对流传热系数。

单颗粒的热对流热流量为：

$$\dot{Q}_{conv} = h_p(2\pi r_p^2)(T_g - T_p) \tag{4-58}$$

式中　T_g——颗粒周围气体温度，K；

　　　T_p——所考察的颗粒p（任意颗粒）的温度，K。

4.4.3　颗粒与气体及颗粒间辐射换热模型

颗粒间的热辐射包括相邻颗粒之间的固-固辐射传热和颗粒与周围气体的气-固辐射传热。

4.4.3.1　固-固辐射传热

前人已总结出两固体圆球间的辐射角系数工程计算图线，如图4-9所示[93]。

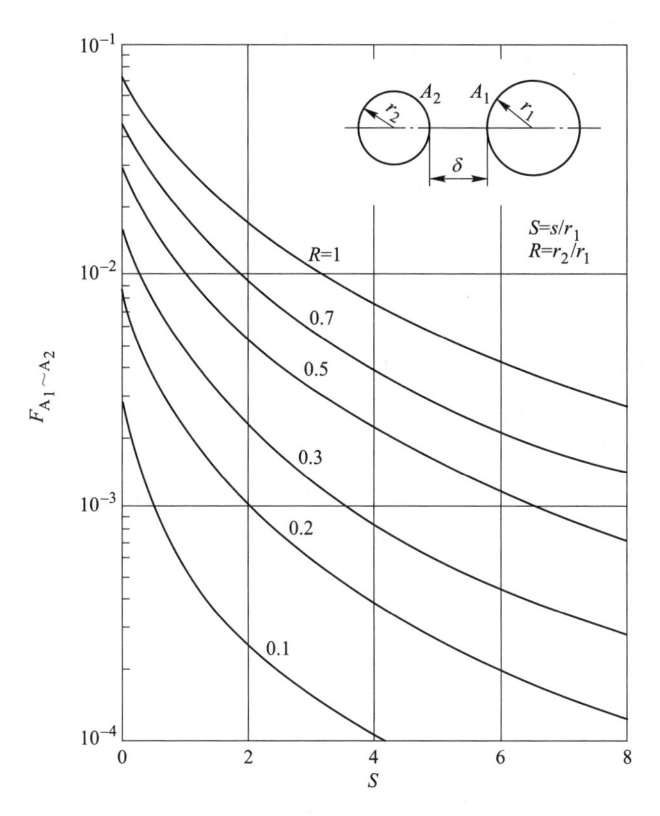

图 4-9 两圆球间辐射角系数工程计算图线

两球间的辐射角系数存在如下关系：

$$A_{p1}F_{1-2} = A_{p2}F_{2-1} \tag{4-59}$$

式中 A_{p1}，A_{p2}——分别为颗粒 1 和颗粒 2 的表面积，m^2。

如果两球半径相等（$r_1=r_2$），相邻两单位球（半径等于 1）间的角系数存在解析解[94]：

$$F_{1\text{-}2} = \frac{1}{\pi x_{12}}\int_0^{\pi/2}\frac{2\zeta\sin(2\zeta) - \sin^2(2\zeta)}{\sqrt{x^2 - 4\cos^2(\zeta)}}\mathrm{d}\zeta \qquad (x_{12} \geqslant 2) \tag{4-60}$$

$$F_{1\text{-}2} = \frac{4}{\pi x_{12}(2 + x_{12})}\int_{\arccos(x_{12}^2/4)}^{\pi/2}\frac{2\zeta - \sin(2\zeta) - \sin^2(2\zeta)}{\sqrt{x_{12}^2 - 4\cos^2(\zeta)}}\sin(2\zeta)\,\mathrm{d}\zeta + \frac{x_{12}^2}{16}(x_{12} - 2)$$

$$(0 < x_{12} < 2) \tag{4-61}$$

式中 x_{12}——两单位球的球心距。

颗粒间热辐射热流量为：

$$\dot{Q}_{rad,pp} = \frac{\sigma(T_{p1}^4 - T_{p2}^4)}{\frac{1-\varepsilon_{p1}}{\varepsilon_{p1}A_{p1}} + \frac{1}{F_{1-2}A_{p1}} + \frac{1-\varepsilon_{p2}}{\varepsilon_{p2}A_{p2}}} \tag{4-62}$$

式中　σ——黑体的辐射系数，5.67×10^{-8}W/($m^2 \cdot K^4$)；

ε_{p1}——颗粒 1 发射率；

ε_{p2}——颗粒 2 发射率。

4.4.3.2　气-固辐射传热

在辐射计算中，气相发射率 ε_g是关键参数，由于氧气和氮气没有辐射能力，无需考虑。而本节的研究中，滚筒内部涉及污泥干燥，其中气体充斥着大量水蒸气。水蒸气是结构不对称的三原子气体，具有辐射性能，在计算过程中必须考虑水蒸气的辐射影响[36]。

假设：(1) 滚筒中气体若为热空气时不考虑气体辐射，若为水蒸气时考虑气体辐射；(2) 热辐射只发生在颗粒非接触区域。

气体发射率可用下式计算：

$$\varepsilon_g = C_{CO_2}\varepsilon_{CO_2} + C_{H_2O}\varepsilon_{H_2O} - \Delta\varepsilon \tag{4-63}$$

式中　$\Delta\varepsilon$——修正量；

C_{CO_2}——二氧化碳压力修正系数；

C_{H_2O}——水蒸气压力修正系数；

ε_{CO_2}——二氧化碳发射率；

ε_{H_2O}——水蒸气发射率。

气体吸收率可用下式计算：

$$\alpha_g = C_{CO_2}\alpha_{CO_2} + C_{H_2O}\alpha_{H_2O} - \Delta\alpha \tag{4-64}$$

$$\alpha_{CO_2} = \varepsilon_{CO_2}\left(\frac{T_g}{T_p}\right)^{0.65} \tag{4-65}$$

$$\alpha_{H_2O} = \varepsilon_{H_2O}\left(\frac{T_g}{T_p}\right)^{0.45} \tag{4-66}$$

式中　$\Delta\alpha$——修正量；

α_{CO_2}——二氧化碳吸收率；

α_{H_2O}——水蒸气吸收率。

通过查阅气体中各组分的发射率曲线图和修正系数曲线图，可算出气体的发射率 ε_g和吸收率 α_g。在本研究工况下，不同水蒸气温度对应的水蒸气发射率关系如表 4-4 所示。

表 4-4 不同尺寸的颗粒周围的水蒸气发射率

颗粒直径 d_p/mm	气体温度 T_g/K				
	250	500	750	1000	1250
5	0.037	0.025	0.018	0.013	0.008
7	0.047	0.031	0.023	0.0163	0.0106
10	0.059	0.040	0.0297	0.021	0.0155
15	0.072	0.050	0.039	0.029	0.020
20	0.09	0.0625	0.050	0.037	0.027
80	0.185	0.150	0.125	0.096	0.086

颗粒与气体间热辐射差额热流量为：

$$\dot{Q}_{rad,pg} = \frac{\varepsilon_p + 1}{2}\sigma 2\pi r_p^2(1 + \cos\beta)(\varepsilon_g T_g^4 - \alpha_g T_p^4) \tag{4-67}$$

4.4.3.3 总辐射热流量

综合以上固-固辐射及气-固辐射模型，总辐射热流可由下式进行计算：

$$\dot{Q}_{rad} = \dot{Q}_{rad,pp} + \dot{Q}_{rad,pg} \tag{4-68}$$

4.4.4 冷却介质吸热模型

炉渣冷却方式主要有采用液态水冷却（简称水冷）和采用污泥浆冷却（简称泥冷）两种。对于不同的冷却方法，采用不同的蒸发吸热数学模型。

4.4.4.1 液态水冷却

在高温炉渣的处理中，可采用冷却水对高温炉渣进行冷却，冷却过程换热模型的假设条件如下：

（1）每个颗粒（炉渣和钢球）都分配到冷却水，分配到的量与颗粒表面积大小相关；

（2）冷却水与温度低于滚筒内气体平均温度 T_g(T_g>100℃）的颗粒（炉渣或钢球）接触后温度瞬间升到颗粒温度 T_p，与温度高于气体平均温度的颗粒接触后温度值瞬间升高至气体平均温度；

（3）不同颗粒分配到的冷却水不会相互影响。

在已知冷却水流量为 $\dot{V}_{water}$(m^3/h)、炉渣数量 num_s、钢球数量 num_b 以及污泥泥球数量 num_{ss} 情况下，可算出单位时间每个颗粒所分配到的冷却水质量 $\dot{M}_{water}$(kg/s)。

若颗粒为炉渣：

$$\dot{M}_{water} = \frac{\dot{V}_{water} \times \rho_{water}/3600}{num_s \times A_s + num_b \times A_b} \times A_s \tag{4-69}$$

若颗粒为钢球：

$$\dot{M}_{water} = \frac{\dot{V}_{water} \times \rho_{water}/3600}{num_s \times A_s + num_b \times A_b} \times A_b \tag{4-70}$$

式中 A_s，A_b——分别为单个炉渣和单个钢球的表面积，m^3；

ρ_{water}——冷却水密度，kg/m^3。

当颗粒温度 T_p 低于或等于水沸点的情况，单位时间每个颗粒因加热冷却水而失去的热量：

$$\dot{Q}_{water} = \dot{M}_{water} C_{p,water}(T_p - T_{water,0}) \tag{4-71}$$

式中 $T_{water,0}$——冷却水初始温度，K；

$C_{p,water}$——冷却水比热容，J/(kg·K)。

当颗粒温度 T_p 高于水沸点但低于或等于气体平均温度 T_g 的情况，假设颗粒把冷却水瞬间加热成蒸汽，单位时间每个颗粒因冷却水蒸发而失去的热量：

$$\dot{Q}_{water} = \dot{M}_{water}[C_{p,water}(T_{water,boil} - T_{water,0}) + h_{fg,water} + C_{p,vapor}(T_p - T_{water,boil})] \tag{4-72}$$

式中 $T_{water,boil}$——冷却水沸点温度，K；

$h_{fg,water}$——液态水蒸发潜热，J/kg。

$C_{p,vapor}$——水蒸气比热容，J/(kg·K)。

当颗粒温度 T_p 高于气体平均温度 T_g 的情况，假设颗粒把冷却水瞬间加热成温度为气体平均温度的水蒸气，单位时间每个颗粒因冷却水蒸发而失去的热量：

$$\dot{Q}_{water} = \dot{M}_{water}[C_{p,water}(T_{water,boil} - T_{water,0}) + h_{fg,water} + C_{p,vapor}(T_g - T_{water,boil})] \tag{4-73}$$

4.4.4.2 污泥浆冷却

基于污泥干燥实验研究，由于冷却所用的污泥浆含水较高，一开始呈浆糊状，通过炉渣干燥后，会形成固体泥颗粒和泥粉。故对泥浆干燥过程做如下假设：

(1) 污泥浆在干燥过程中，当前形态只与当前含水率相关。在滚筒中会经历三个阶段：初始形态为糊状泥浆（简称“泥浆”）。随着含水率降低，会聚团滚成软泥团（简称“软泥团”）。随着含水率继续降低，软泥团会形成固体泥球颗粒（简称“泥球”）；

(2) 在 DEM 模拟中，统一用虚拟颗粒代表污泥浆干燥的全过程，不同阶段用不同的方法来计算传热传质过程。三种形态的污泥内部的水分都均匀分布，且内部各点的物性（如：热导率、密度和比热容等）都相等。

（3）软泥团和固体泥球在干燥过程中进行等比收缩，形状保持球形不变，无裂纹产生，忽略干燥过程中泥粉脱落的影响。这两种形态的污泥都按正常固体颗粒计算，但软泥团的部分计算结果（运动和传热）需专门修正；

（4）污泥干燥过程中不会发生化学反应，组分中只有水分逸出。

本例研究中，污泥中的水分含量多少用湿基含水率 *MC*（Moisture content）表示，用污泥中的当前水分质量与污泥初始湿重之比来表示：

$$MC = \frac{\text{当前湿重} - \text{干重}}{\text{当前湿重}} = \frac{\text{当前水分质量}}{\text{干重} + \text{当前水分质量}} \tag{4-74}$$

A 泥浆与软泥团或固体颗粒传热

本例研究中泥浆按黏性流体考虑，努塞尔数 *Nu* 可基于流体横掠圆球的经验公式近似求取：

$$Nu = 2 + (0.4Re^{1/2} + 0.06Re^{2/3})Pr^{2/5}\left(\frac{\mu}{\mu_w}\right)^{1/4} \tag{4-75}$$

式中，除了 μ_w 用圆球温度标定外，其他均用泥浆温度标定。

适用范围：$3.5<Re<7600$；$0.71<Pr<380$；$1.0<\mu/\mu_w<3.2$。

B 水分蒸发换热

泥浆干燥过程的三个阶段都按一维单球（泥球）来处理。假设：

（1）泥球初始状态为物性（水分、导热系数及比热容等）均匀分布，在温度达到 100℃以后才会出现温度、水分、导热系数及比热容等参数的不均匀分布；

（2）泥球在升高至 100℃时才开始出现干燥，干燥过程中将泥球划分为有限个足够薄的壳层（如图 4-10 所示），干燥过程中是一个个壳层来干燥，只有外面一层壳层完全干燥后，里面挨着的一层壳层才会开始干燥。每个壳层在升至 100℃时开始干燥，只有完全干燥后，温度才能继续升高；

图 4-10 单球干燥及温升过程

（3）在本例研究中，泥球从外界获得的热能只有两种用途：一种是用于升温，一种是用于干燥。

现实中，泥在不同的湿基含水率情况下，会有不同的干燥速率，即水分损失难易。假设泥球从外界获得的热能用于干燥水分的部分所占的比例 η_{hd} 与泥球当前湿基含水率 MC 有着图 4-11 的关系。计算式：

$$\eta_{hd} = 3.02436T_{slag}^4 - 7.22208T_{slag}^3 + 4.72901T_{slag}^2 + 0.45783T_{slag} + 1.71906 \times 10^{-5} \tag{4-76}$$

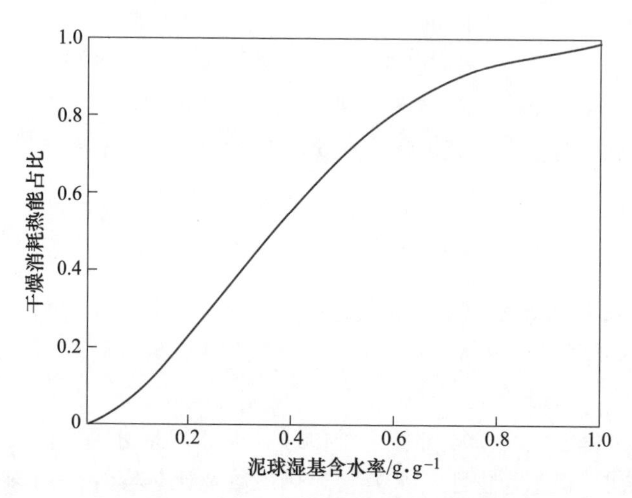

图 4-11　单球干燥及温升过程干燥消耗热能占比

4.4.5　熔渣冲击圆球传热模型

实际处理过程中，炉渣以熔融形态进入滚筒，与冷炉渣、钢球和污泥浆接触后快速冷凝。其中，与钢球接触的熔渣，会糊于球上并凝固，形成非全包裹的外壳，然后在钢球的相互碰撞过程中被迅速击碎；与污泥浆接触的熔渣会混合并凝固成块体，然后在钢球的相互碰撞过程中被迅速击碎；与炉渣颗粒和泥球颗粒接触的熔渣会包裹着颗粒并凝固形成大的颗粒或块体。针对本例研究工况，由于滚筒转速较快，钢球相互碰撞作用较强，外壳、大块体和大颗粒会迅速被击碎，故模型做以下简化假设：

（1）在 DEM 模拟中，用虚拟颗粒代表所有状态的炉渣（液态、半熔态及固态），虚拟颗粒直径为滚筒出口的颗粒粒径。炉渣熔点 1387.85℃，炉渣颗粒温度高于熔点时，其传热按液体冲击圆球来计算，低于熔点时按固体颗粒间传热来计算。

（2）炉渣凝固过程发生在（1387.85±20）℃间，期间炉渣一边凝固一边释放潜热，呈半熔态。释放的潜热的去向有周围气体和接触传热（炉渣颗粒本身、与之接触的其他颗粒、滚筒壁面），假设有50%的潜热用于接触传热，此部分潜热与熔渣本身比热容合并，换算出等效比热容。

当炉渣颗粒处于1367.85~1407.85℃范围内，其等效比热容计算式：

$$C_{p,\mathrm{slag,fs}} = \eta_{\mathrm{fs}} C_{p,\mathrm{slag,f}} + (1 - \eta_{\mathrm{fs}}) C_{p,\mathrm{slag,s}} + 50\% h_{\mathrm{fs,slag}} / (1407.85 - 1367.85) \tag{4-77}$$

式中　$C_{p,\mathrm{slag,f}}$，$C_{p,\mathrm{slag,s}}$——分别为液态和固态炉渣的比热容，J/(kg·K)；

η_{fs}——半熔态炉渣中液态所占比例；

$h_{\mathrm{fs,slag}}$——炉渣凝固潜热，J/kg。

当炉渣温度高于熔点时（以下简称“熔渣”），与固体颗粒的传热过程按以下形式简化计算。

（1）熔渣与固体颗粒传热。熔渣液柱导入滚筒后，会与钢球或固体炉渣颗粒或软泥团或固体泥球接触。随后熔渣要不就只是降温且无相变；要不就是瞬间在颗粒表面凝固成球扇形薄外壳，紧接着被钢球击碎成固体颗粒。在EDEM模拟中，熔渣液柱简化为固体颗粒流，颗粒尺寸为破碎出来的颗粒尺寸，整个过程近似按液态金属横掠圆球传热过程来计算：

$$Nu = 2 + 0.386(RePr)^{0.5} \tag{4-78}$$

平均膜温度：

$$T_{\mathrm{film}} = \frac{T_{\infty} + T_{\mathrm{w}}}{2} \tag{4-79}$$

适用范围：$3.56\times10^{4} < Re < 1.525\times10^{5}$；$3\times10^{-3} < Pr < 5\times10^{-2}$。

（2）熔渣与泥浆传热。假设熔渣与泥浆接触时，会与泥浆混合而快速冷凝，形成混合物不规则疏松块体。块体极易被钢球击碎，形成炉渣颗粒，破碎出来的炉渣颗粒不再发生破碎。由于实际熔渣与污泥的传热速率会远比模拟中炉渣颗粒与泥球的传热速率大，为保证总传热量相近，此处将导热量放大25倍。

4.4.6　颗粒与壁面间换热模型

在滚筒壁面处，存在颗粒与壁面发生传热，过程如图4-12所示，其传热机理与颗粒间的传热类似。

壁面看作是直径无限大的颗粒，温度均匀且恒定。当颗粒表面气膜与壁面开始接触时，颗粒与壁面通过气膜发生导热，当颗粒与壁面直接接触时，导热还会新增接触面导热。颗粒在任意时刻都与周围气体发生对流传热。只要颗粒与壁面间的辐射角系数不为零，热辐射就一直存在。

（1）热传导。颗粒与壁面间接触面的固体导热热阻 R_{pw} 和颗粒内部固体导热热阻 R_{p} 可分别用式（4-40）和式（4-52）计算。

非接触面间的气膜导热热阻 R_{pgw}：

$$\frac{1}{R_{\mathrm{pgw}}} = 2k_{\mathrm{g}}\pi r_{\mathrm{p}}\left[(\cos\alpha - \cos\beta) + \frac{l_{\mathrm{pw}}}{r_{\mathrm{p}}}\ln\left(\frac{l_{\mathrm{pw}}/r_{\mathrm{p}} - \cos\alpha}{l_{\mathrm{pw}}/r_{\mathrm{p}} - \cos\beta}\right)\right] \tag{4-80}$$

式中　l_{pw}——颗粒与壁面球心距离，m。

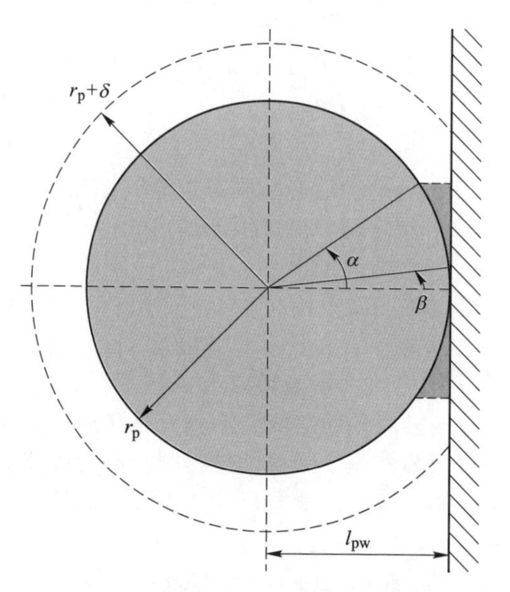

图 4-12　颗粒-壁面间传热机理示意图

颗粒与壁面间总导热热阻：

$$R'_{cond} = R_p + \frac{R_{pgw} R_{pw}}{R_{pgw} + R_{pw}} + R_w \tag{4-81}$$

由于本例研究中滚筒壁面为钢材料，壁面内部导热热阻可忽略，即 $R_w \approx 0$。

颗粒与壁面间总热传导热流量为：

$$\dot{Q}'_{cond} = \frac{T_p - T_w}{R'_{cond}} \tag{4-82}$$

式中　T_p，T_w——分别为颗粒和壁面温度，K。

（2）热对流。颗粒的热对流热流量 $\dot{Q}'_{conv}$ 可用式（4-58）计算。

（3）热辐射。颗粒与附近壁面辐射传热过程简化为圆球和圆盘的辐射传热过程，圆盘中心法线通过球心，如图 4-13 所示。前人已总结出相应的辐射角系数工程计算公式[93]：

$$F_{p-w} = \frac{1}{2}\left(1 - \frac{1}{\sqrt{1 + R_{pw}^2}}\right) \tag{4-83}$$

$$R_{pw} = \frac{r}{l_{pw}} \tag{4-84}$$

式中　R_{pw}——圆盘半径，m。

颗粒与壁面辐射热流量 $\dot{Q}'_{rad,pw}$ 计算方法与式（4-62）相似。

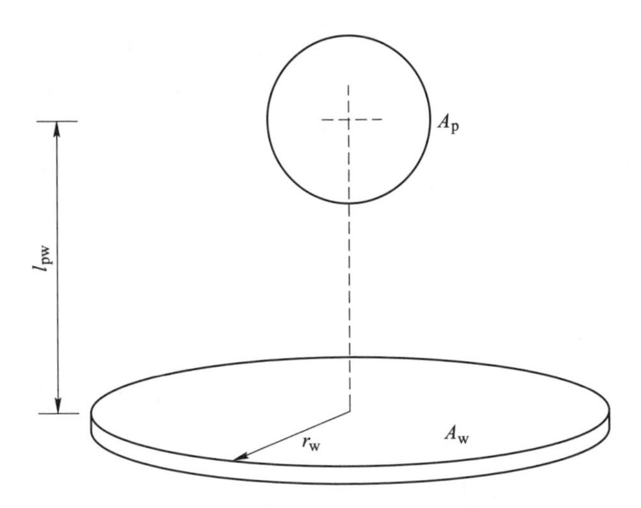

图 4-13 圆球与圆盘间热辐射示意图

另外，颗粒与气体辐射热流量 $\dot{Q}'_{rad,pw}$ 可用式（4-67）计算。

故，总辐射热流量 $\dot{Q}'_{rad,pg}$：

$$\dot{Q}'_{rad} = \dot{Q}'_{rad,pw} + \dot{Q}'_{rad,pg} \tag{4-85}$$

（4）水分蒸发部分。水分蒸发的吸热量 $\dot{Q}'_{water}$ 可用 4.4.4 节的公式计算。

（5）颗粒与壁面间总热流量：

$$\dot{Q}_{pw} = \dot{Q}'_{cond} + \dot{Q}'_{conv} + \dot{Q}'_{rad} + \dot{Q}'_{water} \tag{4-86}$$

4.5 水分迁移及蒸发过程模型

污泥中的流体相交换主要是通过其中相互连接的孔隙进行的，主要机制是扩散运动，可用通量方程描述。这里追踪污泥水分（液态水），用“浓度”来描述量的多少，通用质量守恒方程：

$$\frac{\partial c_w}{\partial t} + \nabla \cdot (-D_w \nabla c_w) + \boldsymbol{U} \cdot \nabla c_w = R_w \tag{4-87}$$

式中 c_w——水分浓度，mol/m^3；

t——时间，s；

D_w——水分扩散系数，m^2/s；

$\boldsymbol{U}$——水分对流流速（矢量），m/s；

R_w——水分蒸发速率，mol/(m^3·s)。

式（4-87）等号左边第一项表示水分的浓度随时间的变化，本研究模拟的是瞬态过程，$\partial c_w / \partial t \neq 0$。

式（4-87）等号左边第二项表示水分的扩散传递通量。

式（4-87）等号左边第三项表示水分的对流传递通量，由于本研究认为污泥内部的水分迁移只依靠扩散，不涉及对流，故 $\boldsymbol{U}=0$，即此项为零。

式（4-87）等号右边项表示源项，如：反应带来的物质生成或消耗，本研究表示水分蒸发带来的消耗。在污泥内部 $R_w=0$，在污泥表面（上面、下面和侧面）$R_w \neq 0$。

污泥内部剩余水分的多少用干基含水率 MC(g/g) 表示：

$$MC = \frac{污泥水分质量}{绝干污泥质量} = \frac{c_w Mn_w}{\rho_{s,dry}} \tag{4-88}$$

式中　Mn_w——液态水摩尔质量，kg/mol；

$\rho_{s,dry}$——绝干污泥堆积密度，kg/m^3。

综上，污泥的传质方程可简化及分解为如下形式：

$$\frac{\partial MC}{\partial t} = r\frac{\partial}{\partial r}\left(rD_w\frac{\partial MC}{\partial r}\right) + \frac{\partial}{\partial z}\left(D_w\frac{\partial MC}{\partial z}\right) + \frac{R_w Mn_w}{\rho_{s,dry}} \tag{4-89}$$

式中　r——泥饼径向位置，m；

z——泥饼轴向位置，m。

其物理意义在于单位体积污泥在单位时间内含水率的变化等于单位时间内以扩散方式通过体积边界获得/失去的水分和污泥表面水分蒸发失去的水分之和。此处忽略 Soret 效应，即由温度梯度所引起的传质传递现象。

水分迁移及蒸发过程污泥上表面和侧表面边界条件如下：

$$\boldsymbol{n}\cdot(-D_w \nabla c_w) = R_w = h_m(c_b - c_{ext}) \tag{4-90}$$

式中　$\boldsymbol{n}$——指向污泥之外（环境）的单位法向矢量，无量纲；

h_m——污泥表面传质系数，不同表面的取值会不同，m/s；

c_b——污泥表面处空气水分浓度，mol/m^3；

c_{ext}——环境空气水分浓度，mol/m^3。

传质系数 h_m 可通过干燥实验获得的质量通量密度［kg/(m^2·s)］求取，即单位时间内单位污泥表面积上所蒸发扩散的水分质量。

本次模拟假设污泥水分蒸发起始温度为 50℃，上表面 h_{m1} 取值：

$$h_{m1} = 5 \times \left(\frac{T-50}{80}\right)^3 + 10^{-7} \tag{4-91}$$

侧表面在干燥过程中因缩水会出现缝隙，促进传质，故侧表面 h_{m2} 取值：

$$h_{m2} = h_{m1}(T) \times \exp[-5000 \times (L_s - z)] \tag{4-92}$$

式中 L_s——污泥厚度，m；

z——当前计算节点高度方向坐标，m。

对称轴：

$$\boldsymbol{n} \cdot (-D\nabla c_w) = 0 \tag{4-93}$$

4.6 数学模型的验证

本节通过进行钢球与污泥混合干化过程小试实验研究，验证了本章所建立数学模型的可靠性。

4.6.1 实验系统组成

污泥干燥实验中所用设备：直径 480mm 长度 320mm 的滚筒、120W 交流齿轮调试电机、箱式炉（型号 TSM1700-322）、电子天平（型号 AX8201ZH/E）、电热鼓风干燥箱（型号 DHG-9030A）、铠装 K 型热电偶、测温仪（型号 DT1320）、摄像机、照明灯等。整个实验平台如图 4-14 所示。

图 4-14 实验平台实物图

实验系统滚筒装置如图 4-15 所示。

实验系统干燥箱如图 4-16 所示。

实验所用其他设备如图 4-17 所示。

图 4-15　滚筒示意图

图 4-16　干燥箱照片

电炉

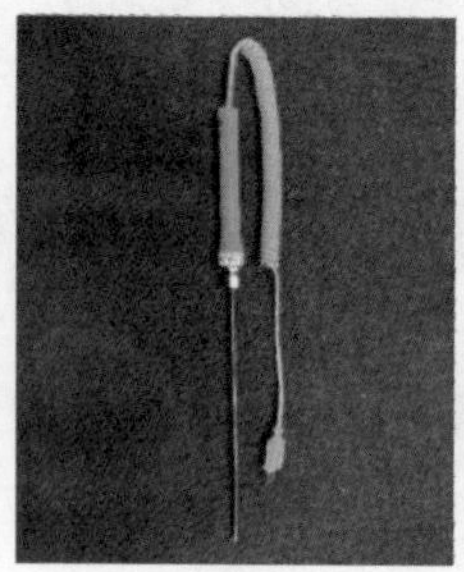

热电偶

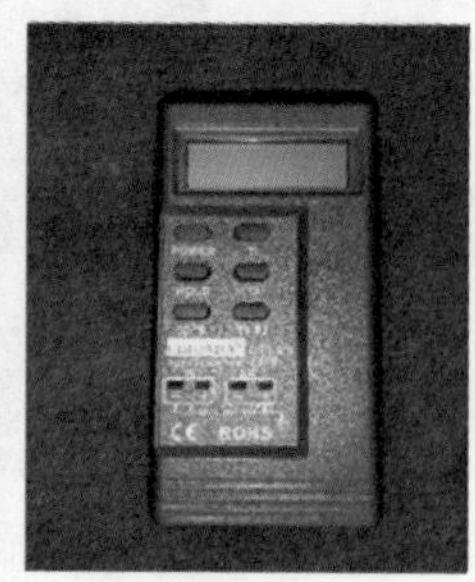

数显仪

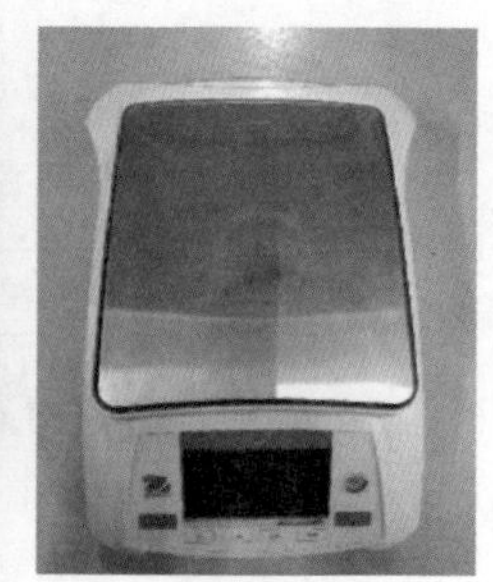

电子天平

图 4-17　实验其他设备照片

实验所用物料（炉渣、钢球及污泥）如图 4-18 所示。

炉渣

钢球

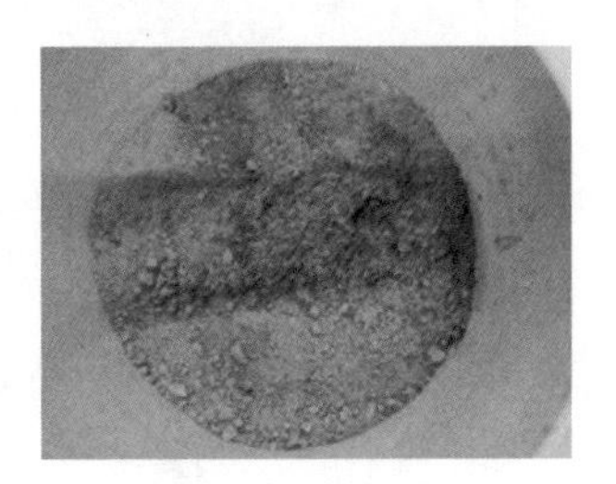
污泥

图 4-18 炉渣、钢球及污泥照片

4.6.2 实验内容及方案

先通过干燥箱将污泥样品进行 105℃低温完全干燥，再配制成湿基含水率 20%的湿污泥。对炉渣与钢球分别进行加热，炉渣加热至 500℃，钢球加热至 450℃。实验开始后，首先接通设备各处电源，启动滚筒电机，设定滚筒所需转速，待滚筒达到匀速转动稳态时，往滚筒内先加入热钢球，然后加热入热炉渣，最后加入湿污泥，同时开始计时。达到预先设定的时间点时将滚筒停止，通过筛网将污泥筛分出来并收集。称量收集到的污泥，然后放入干燥箱中进行完全干燥。干燥过程中每隔半小时从干燥箱取出污泥，称量并翻搅，然后放回干燥箱中。重复直至污泥完全干燥，质量不再变化。

接下来，维持所有实验参数不变，重复以上实验步骤，对同一工况、不同预设时间点的污泥平均含水率进行测量。实验工序具体参数如表 4-5 所示。

表 4-5 实验工况

实验序号		1	2	3
炉渣	直径/mm	10~15	10~15	10~15
	初始温度/℃	500	500	500
	质量/kg	3kg	3kg	3kg
钢球	直径/mm	30	30	30
	初始温度/℃	450	450	450
	数量/个	35	35	35
污泥	初始温度/℃	24	24	24
	初始湿基含水率/$g \cdot g^{-1}$	0.2	0.2	0.2
	质量/kg	0.5	0.5	0.5
滚筒	转速/$r \cdot min^{-1}$	10	10	10
	实验时长/min	1	2	3

4.6.3　污泥干燥实验结果及模拟结果对比分析

通过小型实验，得到了500℃炉渣温度下3kg炉渣与35个钢球（直径30mm）在10r/min滚筒转速下的运动状态及在初始时刻、运行1min、运行2min和运行3min后的污泥含水率。在进行实验的同时，依据本节所建立的模拟过程数学模型对该实验的处理过程进行了模拟研究，得到了模拟过程中的运动状态及不同时间下的污泥含水率。实验结果及模拟结果的对比分析如下。

4.6.3.1　运动过程对比分析

图4-19（a）为实验中拍摄到的物料运动过程，图4-19（b）为模拟获得的物料运动过程。

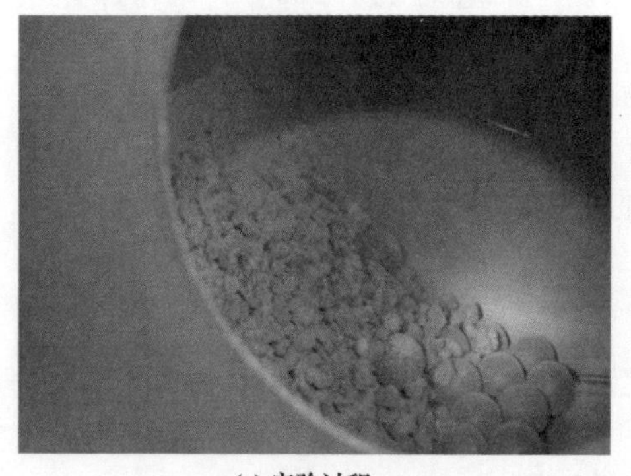
(a) 实验过程

(b) 模拟过程

图4-19　滚筒内物料（炉渣、钢球及污泥）运动过程对比

通过实验和模拟结果的对比分析可以看出，实验过程中颗粒的运动状态和模拟过程的结果基本相同，说明本书所建立的颗粒运动过程数学模型是可靠的。

4.6.3.2　传热及干燥过程对比分析

将炉渣加入滚筒的时刻作为第0s时刻，炉渣添加时长为0~6s，污泥在第8s时加入滚筒，第8~188s为污泥在滚筒内的干燥过程。

图4-20为污泥干燥过程中湿基含水率实验测量值与模拟计算值对比，模拟结果与实验结果基本相同，最大误差控制在15%以内，说明本书所建立的传热及干燥（传质）模型可靠。

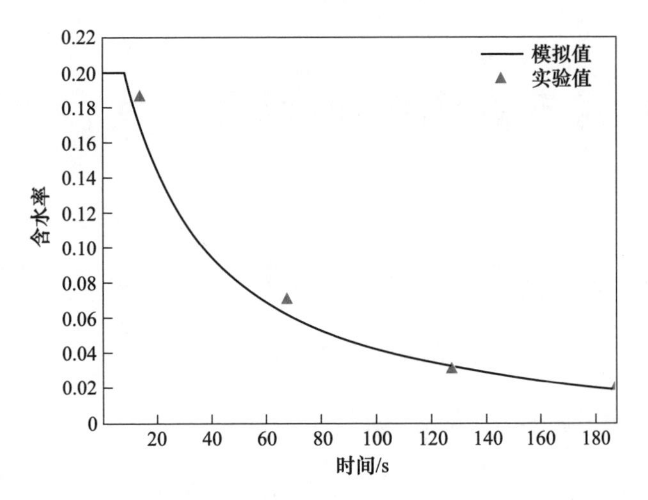

图 4-20 滚筒内污泥干燥过程湿基含水率实验值和模拟值对比

5　污泥与高温钢渣耦合处理模拟分析

结合本书所建立的污泥与高温钢渣耦合处理过程物理及数学模型，本章对颗粒运动过程、不添加冷却介质时钢球与炉渣换热过程及添加冷却水和污泥时的换热及污泥干燥过程进行了模拟并进行了结果分析。

5.1　颗粒运动过程模拟结果分析

为深入研究滚筒内部颗粒运动规律，利用第2章所建立的数学模型，按照如下顺序对颗粒运动过程进行逐步深入研究：在只考虑钢球的情况下，考察钢球的运动状态；在考虑炉渣（以钢渣为例）颗粒但不考虑凝固破碎的情况下，考察炉渣和钢球的混合运动状态；在考虑炉渣块体破碎（已凝固完成）的情况下，考察渣块和钢球的混合运动状态及破碎情况；在假设炉渣和污泥为黏性颗粒群（熔渣和污泥浆）的情况下，考察炉渣颗粒、钢球及污泥颗粒的混合运动状态。

5.1.1　钢球运动过程分析

在滚筒内部破碎段生成100个钢球，直径80mm。为方便观察现象，滚筒转速顺时针15r/min。由于破碎段轴向距离较短且钢球直径较大，滚筒运行过程中钢球的轴向运动可忽略。图5-1给出钢球在不同滚筒运行时刻的径向运动情况。

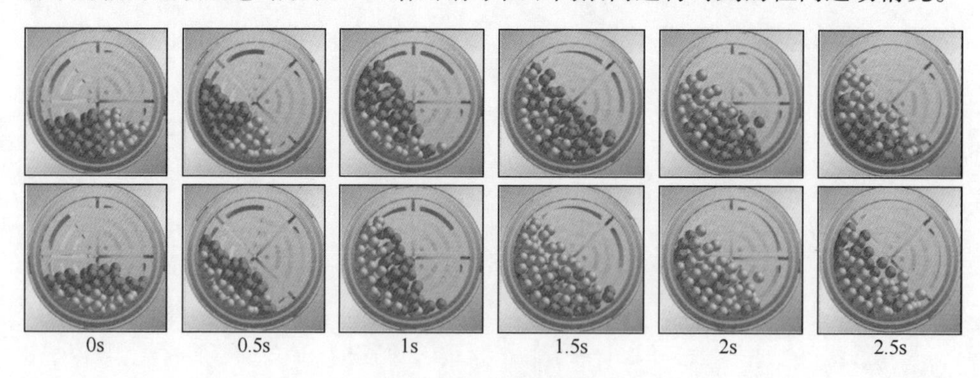

图5-1　钢球径向运动

图5-1中两排截图为同一次钢球运动过程，分别把不同位置的钢球设置为示踪颗粒，考察钢球的运动状态。观察可发现，钢球处于泻落运动状态，未达到抛

起状态。在第1排截图中，第1s时原本处于左半边位置的橙色钢球在滚筒提升力的作用下，基本都运动至钢球系统的上方，第1.5s时橙色钢球崩落，第2s时橙色钢球在钢球系统底部堆积，随着滚筒继续转动，橙色钢球在滚筒内逐渐分散；在第2排截图中，第1s时，原本处于钢球系统上部的橙色钢球向下崩落，第1.5s时橙色钢球在钢球系统底部堆积，随着滚筒继续转动，橙色钢球在滚筒内逐渐分散。由此可见，滚筒内钢球运动是存在一定规律的。

基于上述观察，再专门跟踪了钢球系统中顶部中间和底部中间的单个钢球，考察其径向运动轨迹，如图5-2所示。观察可发现，在运行过程中，滚筒内钢球保持在一定区域做周期运动，运动轨迹基本呈半圆形。

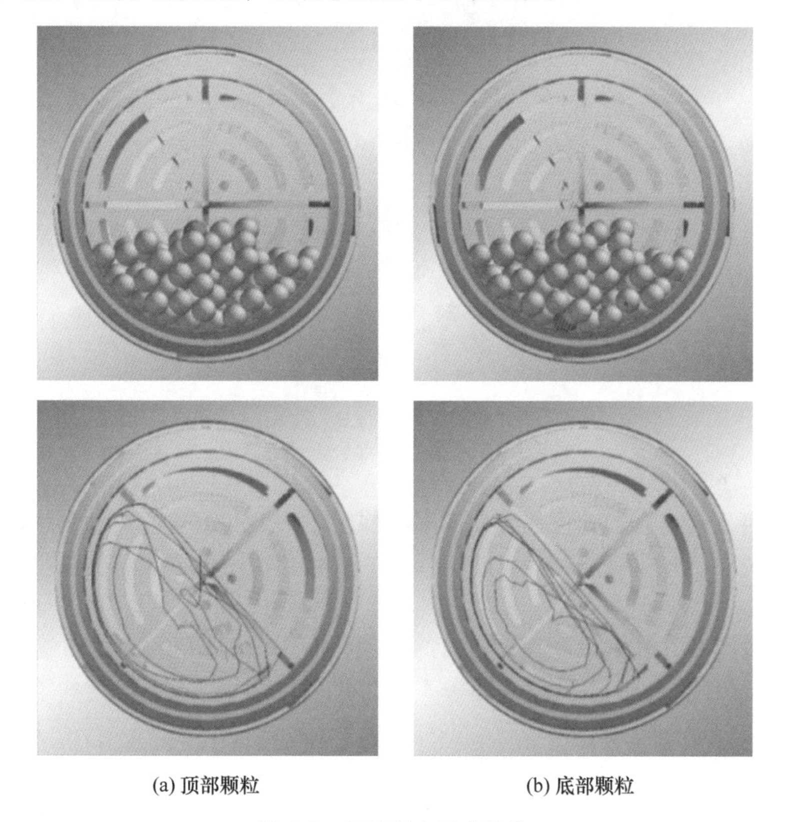

(a) 顶部颗粒　　(b) 底部颗粒

图5-2　钢球径向运动轨迹

本节通过考察无炉渣情况下，钢球的运动情况及位置分布，确定发生破碎的主要位置，可指导后续研究。

5.1.2 钢球与炉渣混合过程分析

滚筒内部放有100个直径80mm的钢球，运行时转速顺时针8r/min。在钢球处于运动状态下加入炉渣颗粒，在第 6.8s 时炉渣加料完成。由于 DEM 模型的计算量与颗粒数量直接挂钩，若完全模拟真实状况，计算量会非常大。此处在保证炉渣颗粒总质量的前提下，将炉渣颗粒直径放大至 20mm，数量为 15000 个(210kg)，以保证计算速度。在炉渣和钢球运动达到稳态时（第 17.7s），滚筒内混合运动速度场如图 5-3 所示。

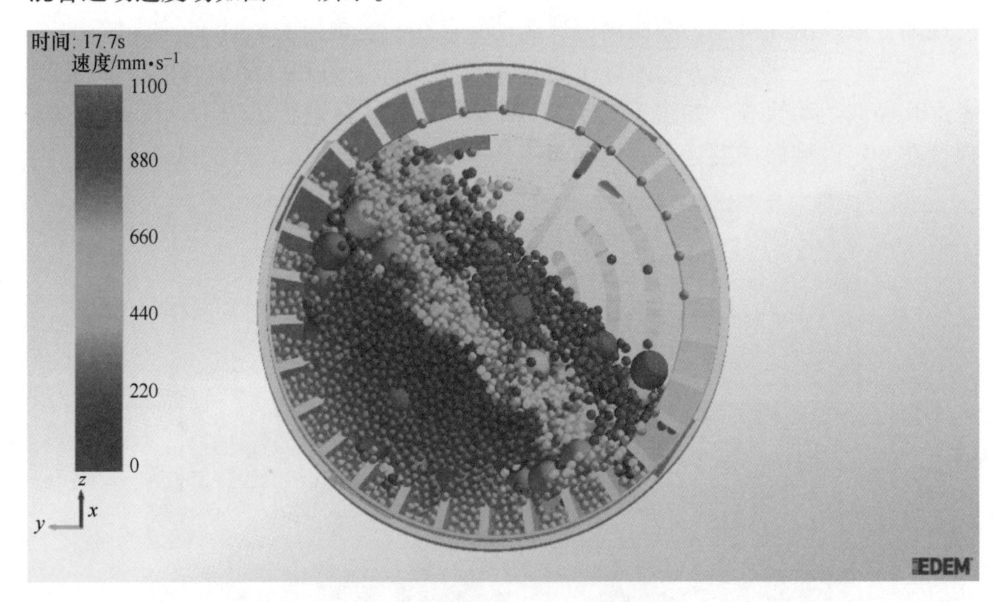

图 5-3　炉渣和钢球混合运动速度场

观察可发现，颗粒速度场存在明显的梯度。炉渣和钢球的运动基本同步。在本节的研究中，依据颗粒的速度将滚筒内的颗粒存在区域分成 3 类：平流层、活动层和涡心。

为了清晰地比较炉渣和钢球各自的运动状态，分别作出了图 5-3 中炉渣和钢球各自的速度场云图，如图 5-4 和图 5-5 所示。观察可发现，炉渣和钢球按照速度差异都可以分为上述 3 个区域。钢球主要集中于滚筒内壁处（平流层），炉渣主要集中在活动层和涡心处以及抄板间，与钢球的混合程度尚可。

滚筒横截面方向上，炉渣和钢球运动过程速度场如图 5-6 所示。

观察可发现，轴向方向上，颗粒的壁面效应可忽略。颗粒运动速度存在明显梯度和分层。在第 55s 时，炉渣颗粒已基本离开了破碎段，在扬料段聚集。滚筒出口类似于螺旋排料器，排料速率较慢。

图 5-7 给出滚筒内物料在不同运行时刻的分布截图。此处将钢球设为红色，前半部分加入的炉渣设为橙色，后半部分加入的炉渣设为黄绿色。观察可发现，炉渣和钢球的混合速度很快，在第 18s（已经历 10s 混合过程）时混合状态已经较好，不过两种颜色的炉渣的混合速度较慢。运行过程中，第 7～11s 和第 12～

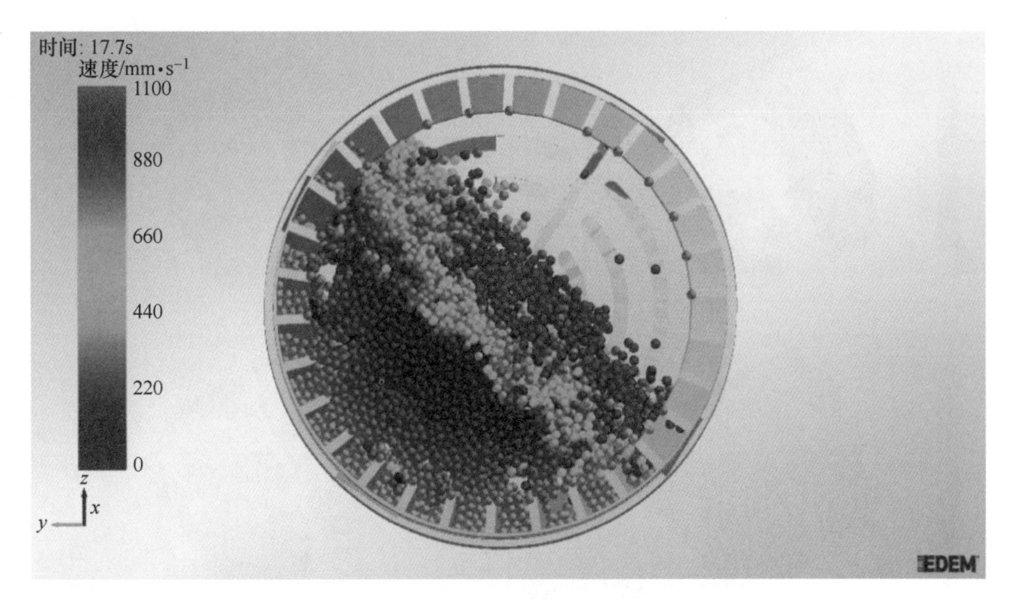

图 5-4 炉渣运动过程速度场

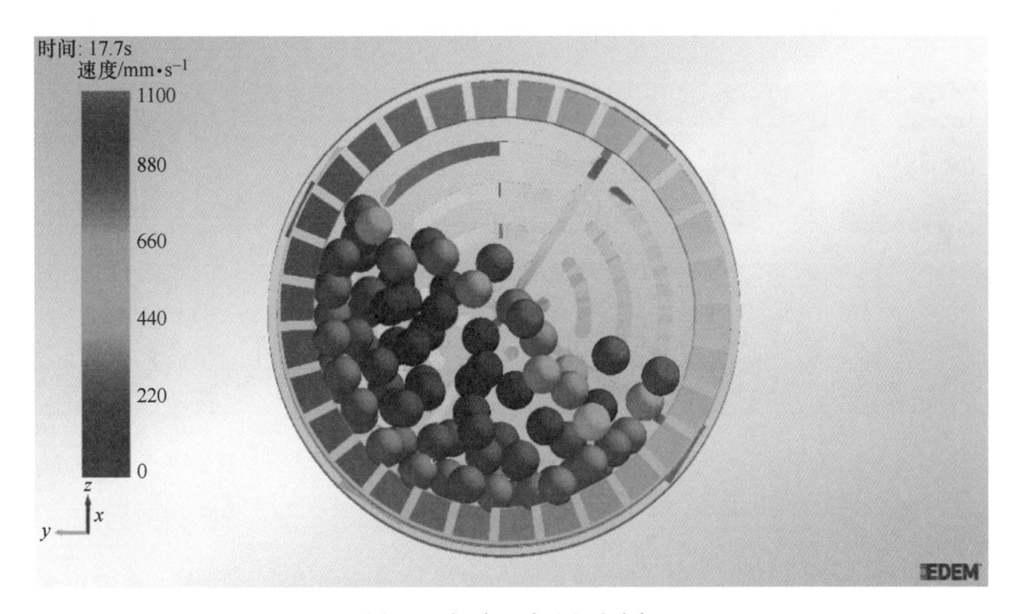

图 5-5 钢球运动过程速度场

16s 所呈现的颗粒运动情况基本一致，即一个颗粒运动周期约 5s，而滚筒转速是 7. 5s/转，滚筒运行比颗粒运行周期长。

通过使用 EDEM 软件的后处理功能，统计模拟过程中不同种类颗粒的线速度、角速度、动能、势能，以及不同方向的作用力、力矩、重叠量、接触情况、

图 5-6　滚筒横截面炉渣和钢球运动过程速度场

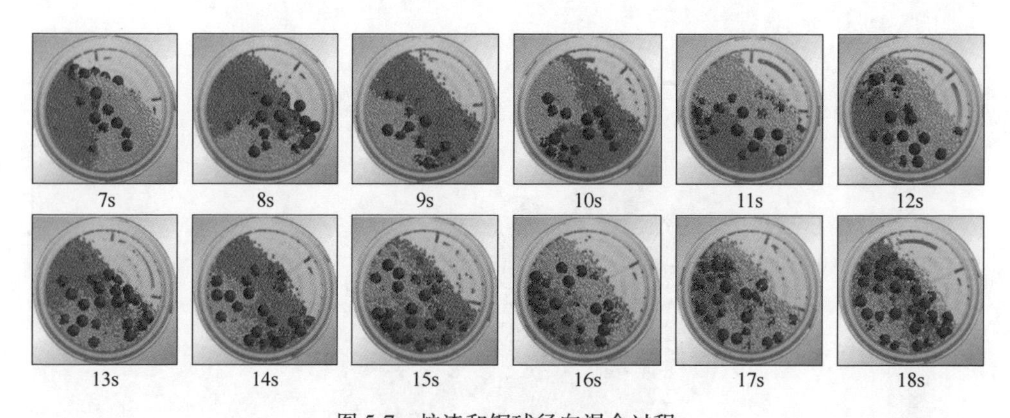

图 5-7　炉渣和钢球径向混合过程

碰撞情况等。

图 5-8 展示了部分与换热直接相关的参数随时间的变化折线图。观察可发现，在第 35s 后，渣粒基本都聚集在扬料段，运动状态呈周期性；在没有块体破碎的情况下，法向接触力和法向形变量成一定线性关系，而且颗粒在破碎段中，这两参数能稳定在一定范围内。

在不考虑渣破碎的情况下，研究颗粒运动状态及颗粒相互作用情况，可指导并优化后续破碎研究。在所设定转速下，颗粒运动形态为料面泻落，由于抄板的存在，会发生一定的炉渣颗粒抛洒现象。运行过程中，轴向方向上壁面效应影响

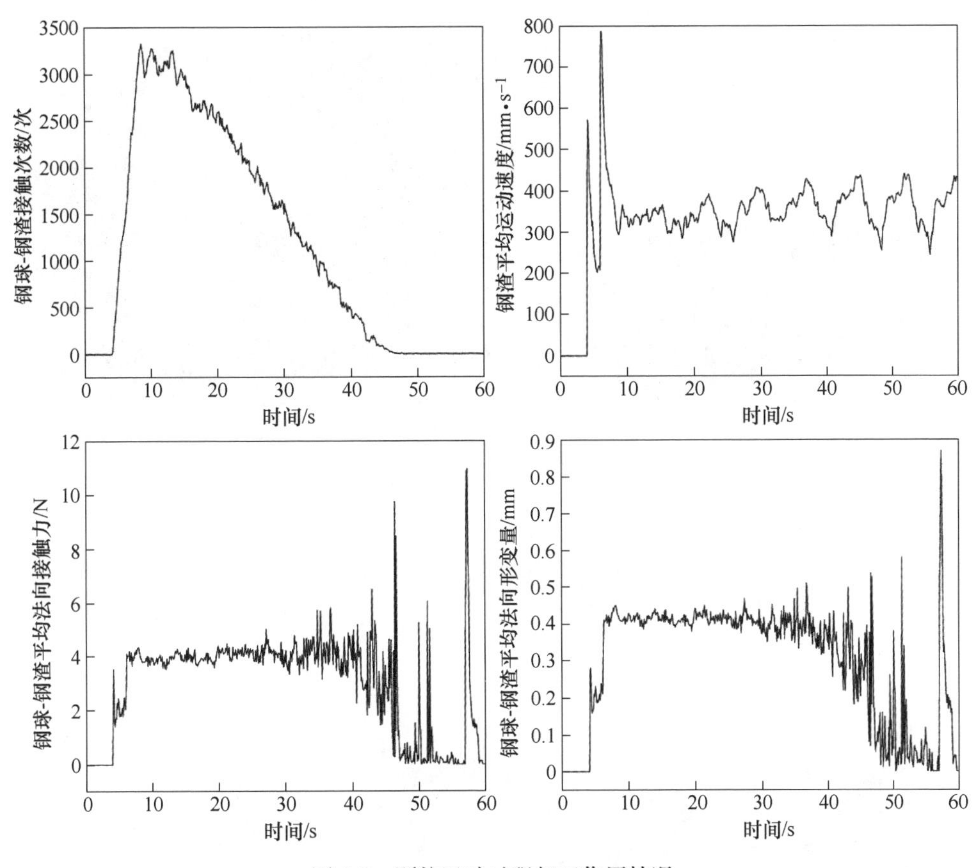

图 5-8 颗粒运动过程相互作用情况

可忽略，径向方向上存在明显的速度梯度和分层，表层颗粒（活动层）运动最快，贴壁颗粒次之（平流层），中心颗粒（涡心）运动最慢。

5.1.3 炉渣块体破碎过程分析

在极端情况下，进入滚筒的炉渣会呈固体块体状态，本节专门对此情况进行模拟。为方便观察及减少外部影响因素，专门对单个块体在滚筒内破碎的过程进行研究。并在此基础上，对多块体在滚筒内破碎的过程进行研究。

5.1.3.1 单一块体破碎过程

炉渣块体由直径 3mm 的颗粒元及黏结键组成，整体呈长方体形状，长×宽×高=75mm×100mm×20mm（11000 颗粒，0.5kg），如图 5-9 所示。

在滚筒中生成 100 个直径 80mm 的钢球，为了能获得较明显的破碎现象，滚筒转速顺时针 15r/min，待滚筒进入稳定运行状态后，开始生成一个炉渣块体，

图 5-9　方形块体示意图

落入滚筒中，进行破碎。

图 5-10 给出块体在不同滚筒运行时刻的破碎状态截图。每排从左往右每幅截图代表不同时间节点的颗粒破碎情况。红色代表渣，灰色球代表钢球。第 0. 1s 块体在半空中生成完成，未和滚筒及钢球接触。观察可发现，块体在跌至钢球表

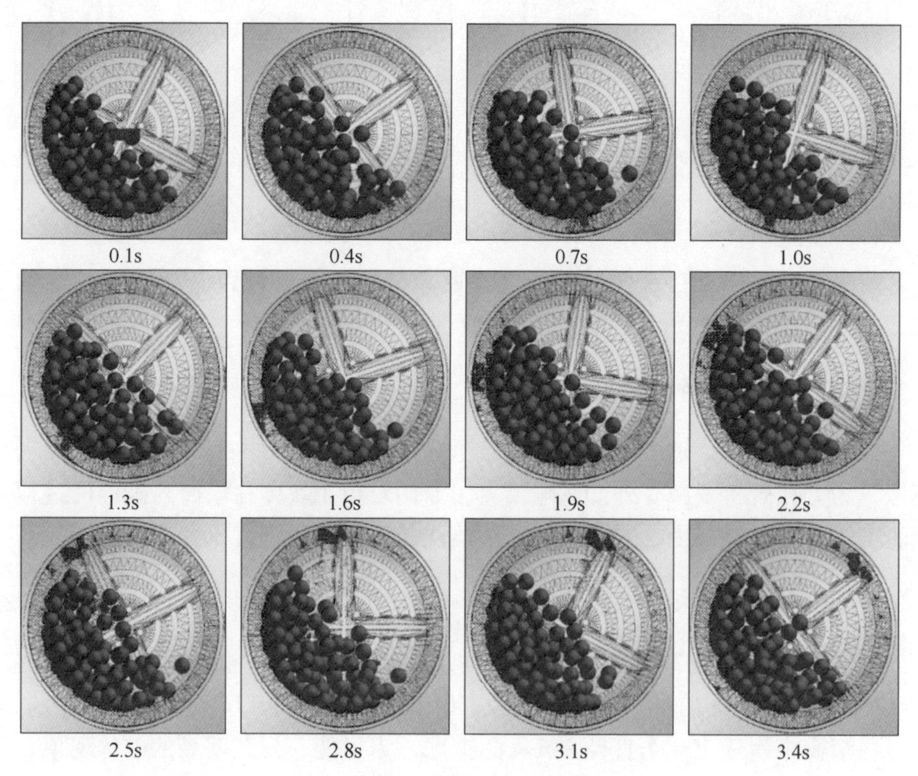

图 5-10　滚筒整体运行过程

面已有少量的破碎（如第 0.4s 所示），然后随着钢球从斜面（钢球料面）运动至滚筒底部，通过抄板和钢球的剪切作用使之断裂破碎。当渣块小到一定程度时，会落入抄板与抄板之间，暂时不发生破碎。落入抄板之间的块体，有部分在滚筒旋转至一定角度时，从抄板间滑落出来落至钢球堆斜面继续破碎，如第 2.5~5.1s 所示；还有部分会卡在抄板间，如第 2.8~5.4s 顶部块体所示。

图 5-11 为块体破碎程度随时间的变化情况，图 5-12 为块体瞬时破碎速度随时间的变化情况。“破碎百分比”和“黏结键断裂速度（破碎速度）”具体算法：

$$破碎百分比(t) = \frac{块体中已断裂的黏结键数量(t)}{总黏结键数量} \times 100\% \tag{5-1}$$

$$黏结键断裂速度(t) = \frac{破碎百分比(t_i) - 破碎百分比(t_{i-1})}{t_i - t_{i-1}} \tag{5-2}$$

结合图 5-10 观察可发现，0.15~0.25s 期间，块体跌落至钢球堆表面，并有

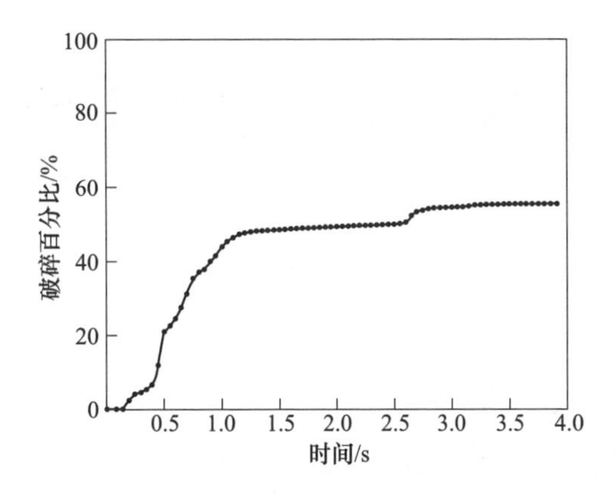

图 5-11 块体破碎程度随时间的变化

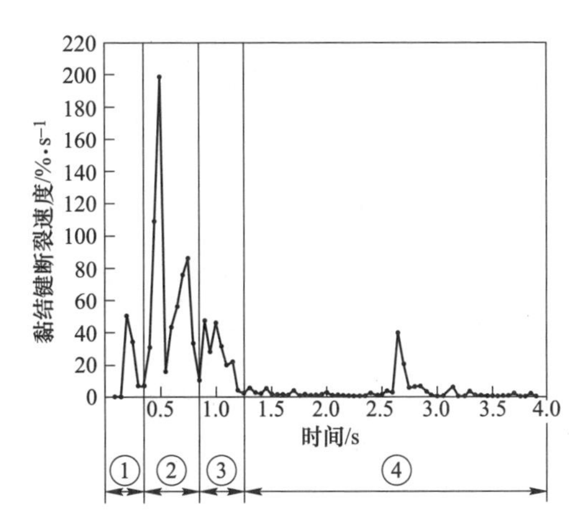

图 5-12 块体破碎程度随时间的变化

少量弹起，断裂键数量出现一定的快速增长，为后面块体破碎作为基础；0.25~0.40s 期间，炉渣落至滚筒抄板处，受到后方钢球与抄板的剪切作用，由于此时块体较大而且是第一次正式破碎（由大块体破碎成数个较大块体），破碎效果会非常明显，图 5-12 中黏结键断裂速度达到了最高点；0.40~0.55s 期间，炉渣块体在钢球和抄板的作用下再度出现较强烈的破碎（由数个较大块体破碎成更多较小块体），但黏结键断裂速度没有第一次快；然后 0.55~1.15s 期间，块体被卷入钢球堆中，不断发生破碎；之后 1.15~2.6s 期间，由于渣块已碎成较小块体，基本都落入抄板间，基本不发生破碎；2.6~2.7s 期间，有渣块从抄板间滑落，在钢球堆斜面处与钢球发生碰撞并破碎。

从块体黏结键断裂情况来看，块体在滚筒内的破碎过程可分为四个阶段：(1) 预破碎段；(2) 快速破碎段；(3) 降速破碎段；(4) 滞速破碎段。

图 5-13 给出单一块体在不同滚筒运行时刻的破碎状态截图。此处隐藏了钢

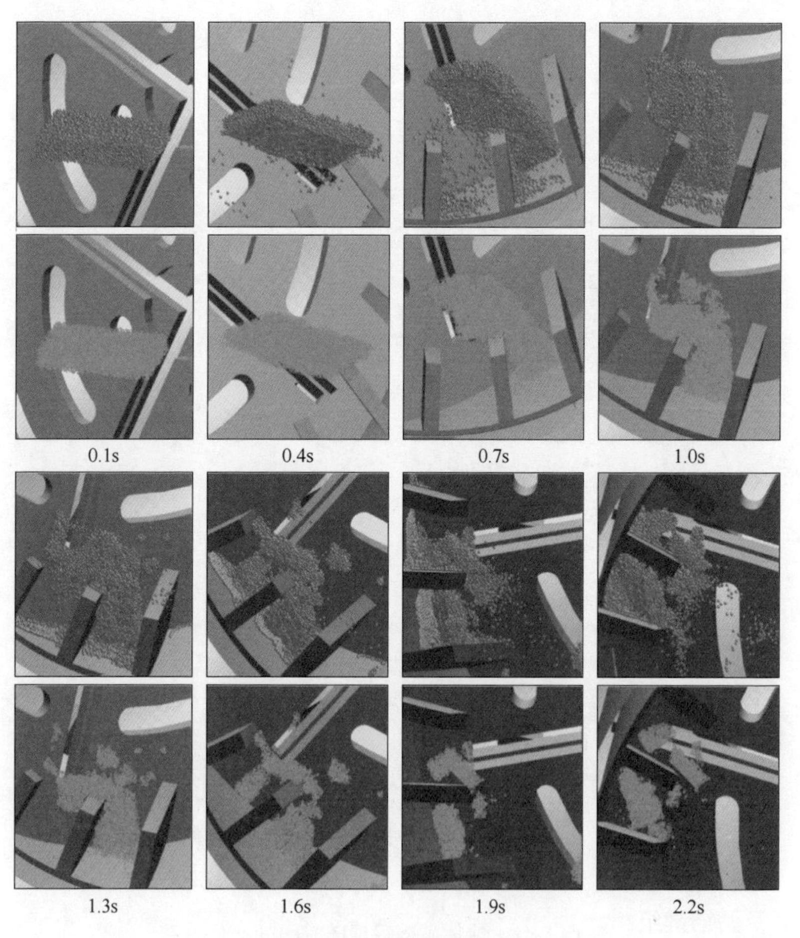

图 5-13　块体破碎过程

球，只观察渣块。第1排和第3排截图中黄绿色颗粒代表渣块，第2排和第4排截图中浅蓝色网络代表渣颗粒单元间未断裂的黏结键。观察可发现，一直到第0.4s期间，即块体从生成到跌至钢球表面再到滑落至抄板处，只有少量的发生在边角的破碎；第0.7s、第1.0s和第1.3s时，块体都可明显观察到破碎现象；第1.6s后，块体已破碎成较小子块体，落入抄板间，基本不发生破碎。

图5-14展示了部分与换热直接相关的参数随时间的变化折线图。因为模拟过程中存在颗粒黏结键，在颗粒破碎时，单颗粒所受法向接触力和法向形变量已不成比例。

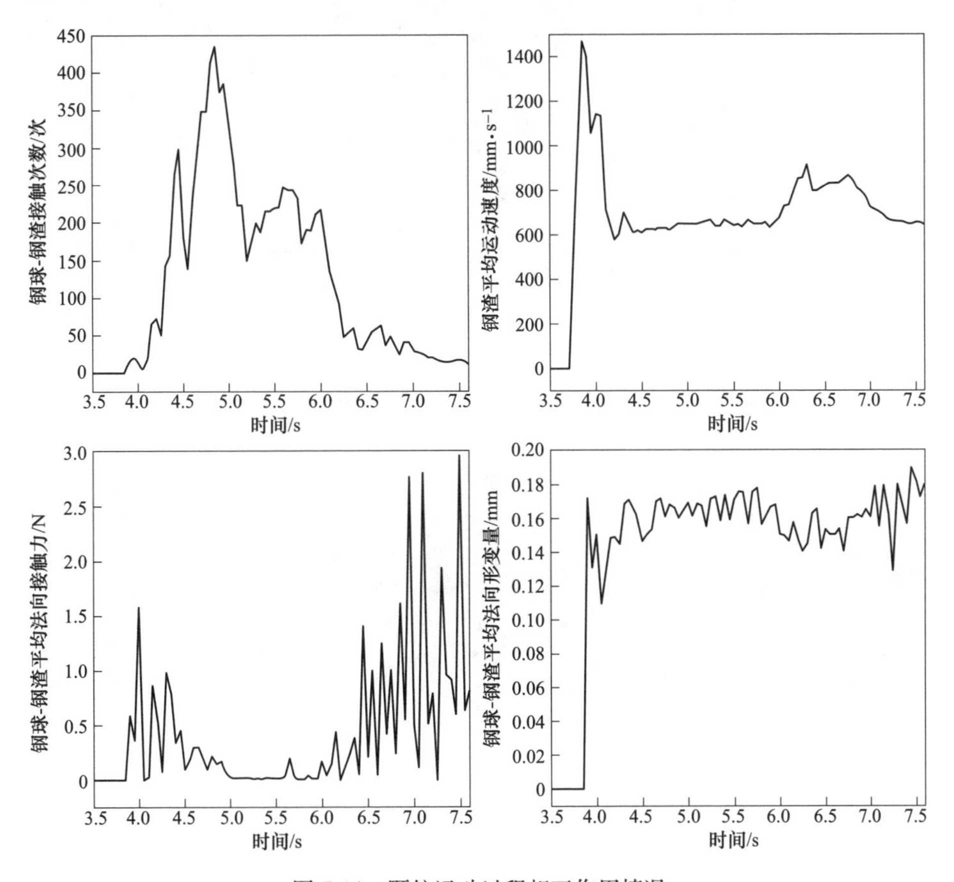

图5-14 颗粒运动过程相互作用情况

5.1.3.2 多块体破碎过程

由于颗粒较多，此处对颗粒粒径进行一定放大。生成的炉渣块体由直径16mm的颗粒元及黏结键组成，整体呈长方体，长×宽×高=230mm×230mm×100mm（1200颗粒，9kg），共10个。此处专门对其中3块进行染色，方便观察，设置如图5-15

所示。在滚筒中生成 100 个直径 80mm 的钢球，滚筒转速顺时针 10r/min，待滚筒进入稳定运行状态后，开始加入炉渣块体（第 5. 5s），进行破碎。

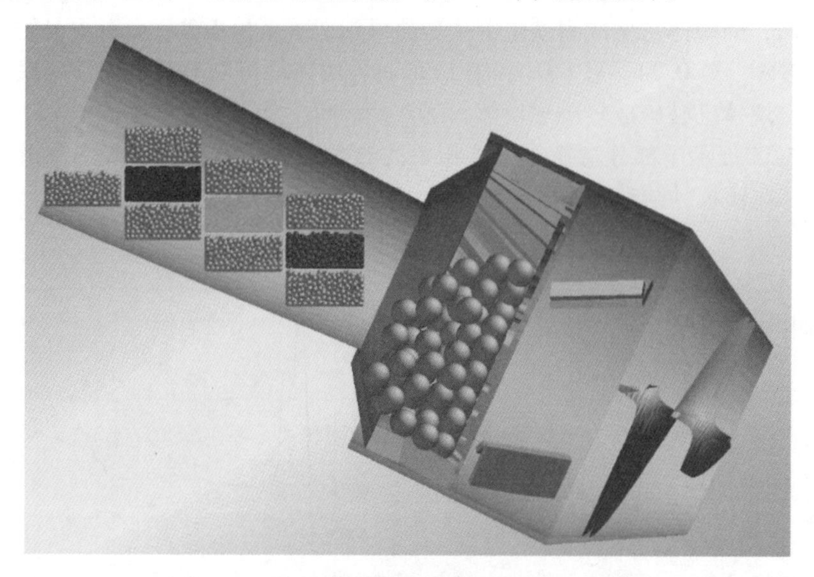

图 5-15　方形块体及染色块体位置分布示意图

图 5-16 和图 5-17 给出块体在不同滚筒运行时刻的破碎状态截图。每排从左

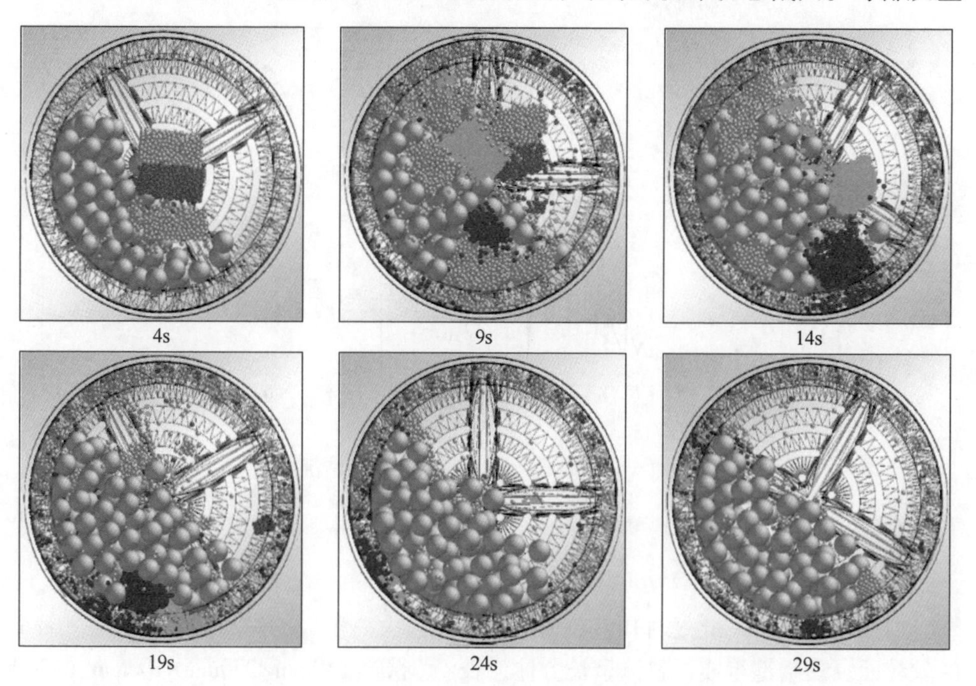

图 5-16　炉渣块体和钢球径向运动过程

往右每幅截图代表不同时间节点的颗粒破碎情况。灰色球代表钢球，其他为炉渣。

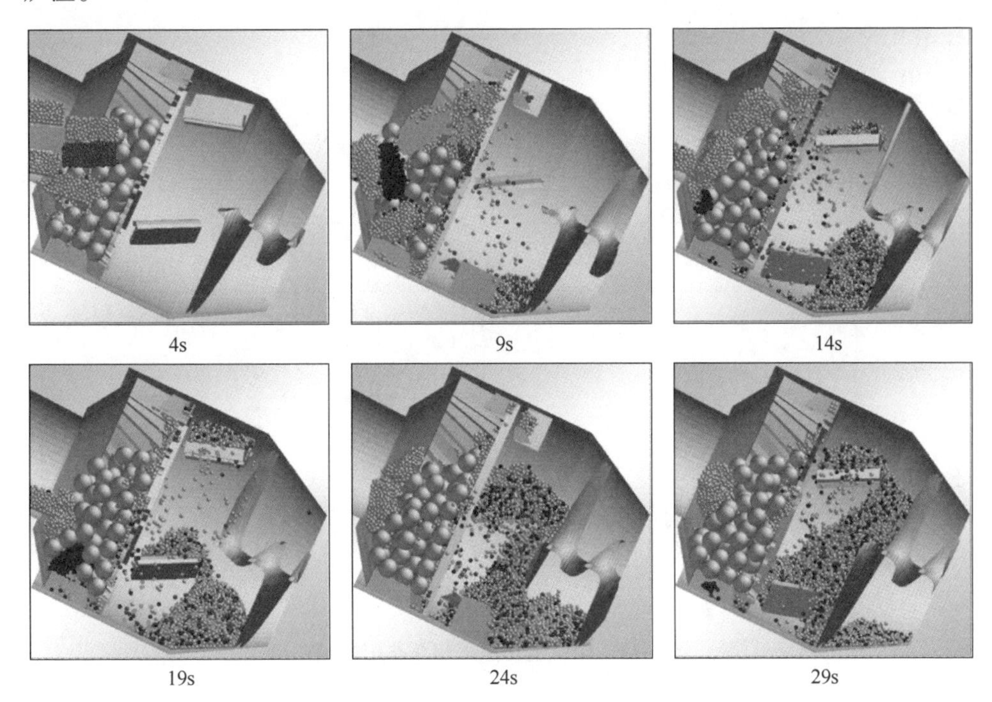

图 5-17 滚筒横截面炉渣块体和钢球运动过程

图 5-18 展示了在考虑颗粒破碎的情况下部分与换热直接相关的参数随时间的变化折线图。由图 5-19 可知，炉渣块体的整体破碎速度是波动的，且趋于平缓，总体上呈下降趋势。由图 5-20 可知，滚筒的排料速率较慢，可保证渣在扬料段停留足够长时间。

本节通过考察单个和多个炉渣块体进入滚筒的破碎情况，研究其中微观特性，以及实际生产过程中的颗粒运动状态及相互作用情况，可指导并优化实际生产。渣块破碎主要靠钢球与抄板的剪切作用以及钢球间的碰撞剪切作用。由于抄板的存在，当渣块破碎至一定程度，会有部分卡于抄板间，当运行至滚筒顶部时，会有少量渣粒抛洒下来。

5.1.4 钢球与炉渣及污泥混合过程分析

在实际生产中，炉渣是以熔融态形式加入滚筒，污泥是以泥浆形式加入滚筒。炉渣与污泥接触后会快速蒸干污泥水分，使污泥由浆状变成固态泥球颗粒，同时炉渣也会凝固及破碎。由于此过程过于复杂，现暂无软件能模拟，所以对该过程进行简化：炉渣和污泥全过程都用虚拟固体颗粒来代表及模拟；泥浆干燥结

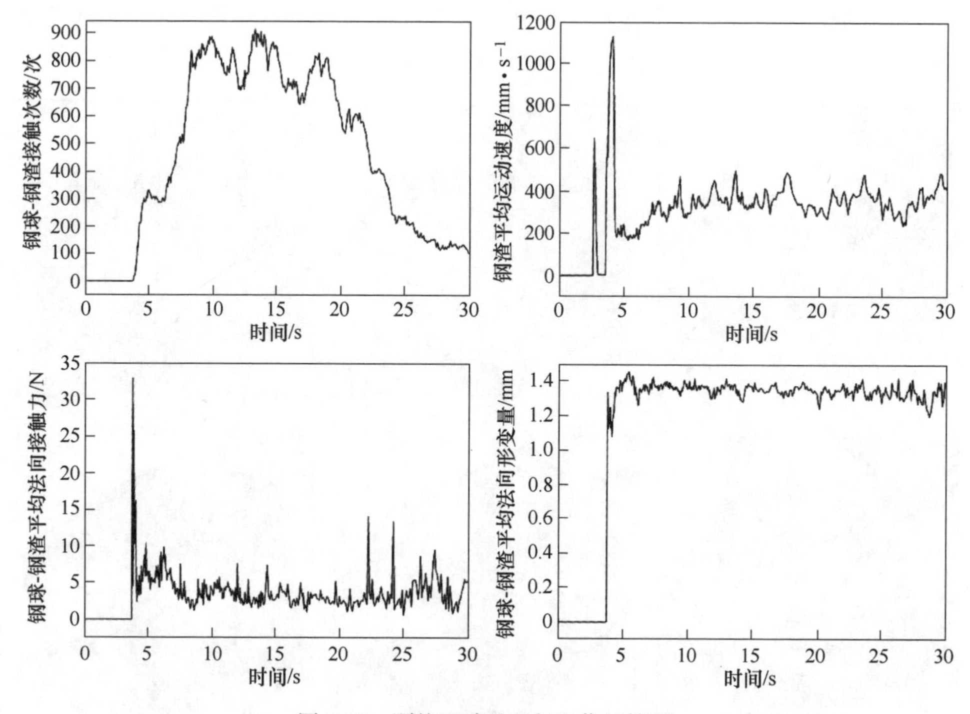

图 5-18　颗粒运动过程相互作用情况

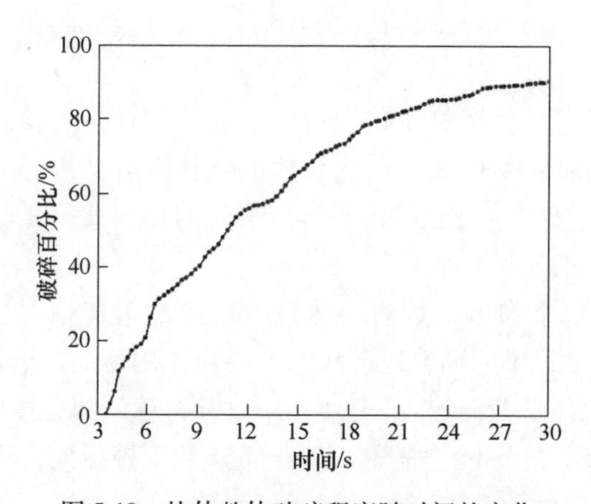

图 5-19　块体整体破碎程度随时间的变化

块后都变成泥球，忽略变成泥粉的部分；已凝固的固体炉渣颗粒和已结块的固体污泥颗粒采用模拟普通固体颗粒运动的 Hertz-Mindlin 模型描述；熔融炉渣和污泥浆为高黏度流体，由带有黏性的虚拟颗粒群模拟，颗粒群运动采用 Hertz-Mindlin with linear cohesion 模型描述；炉渣凝固过程中虚拟颗粒间的黏性力随着温度的降低而减小，污泥干化结块过程中虚拟颗粒间的黏性力随着含水率的降低而减小。

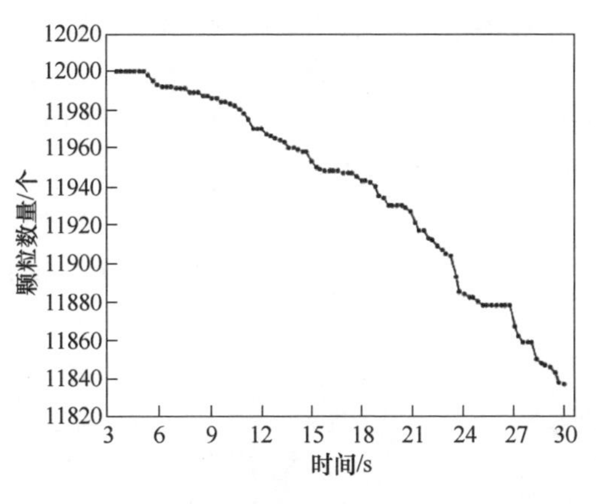

图 5-20 滚筒排料情况

由于 DEM 模型的计算量与颗粒数量直接挂钩，若完全模拟真实状况（颗粒数量非常大），计算量会非常大。此处在保证炉渣和污泥添加质量合适（保证滚筒内填充率较理想）的前提下，将炉渣颗粒直径放大至 20mm，将泥球直径放大至 10mm，从而减少颗粒数量，以保证计算速度。另外，本节只模拟滚筒破碎段情况。

滚筒内部放有 100 个直径 80mm 的钢球，运行时转速逆时针 10r/min。在钢球处于运动状态下，先快速添加炉渣至较高填充率（30kg/s，0~3s），然后第 3s 开始恒定地较小速率添加炉渣（5.0kg/s）和泥球（1.0kg/s、1.5kg/s 和 2.0kg/s）。炉渣开始添加的时刻记为第 0s。将滚筒中的钢球设为浅灰色，炉渣设为黄绿色，泥球设为棕色。图 5-21 给出滚筒内物料在不同运行时刻的轴向和径向分布截图（以污泥添加速率为 1.5kg/s 的工况为例）。

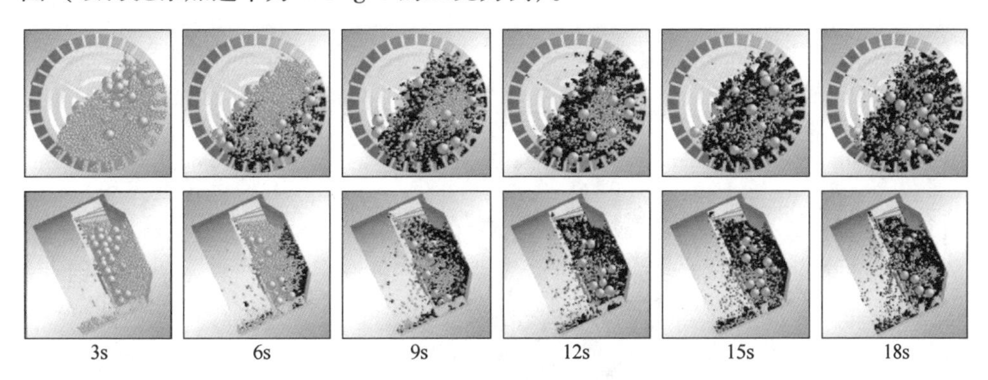

图 5-21 破碎段加料过程（污泥 1.5kg/s）

观察可发现，泥球刚加入后，随着炉渣先运动至滚筒底部抄板间，小部分直接从滚筒中部筛板的底部排出进入后方扬料段，大部分跟随抄板被抬举至高处（如第 6s 所示）。泥球被抬至高处后抛出，少量通过筛板空隙进入扬料段，大部分落于床层料面，随着炉渣运动至滚筒底部抄板间，做周期性运动。随着时间推移，平流层和活动层处都已充满了泥球，但涡心处仍旧几乎没有泥球（如第 9s 和第 12s 所示）。再往后物料逐渐混合，接近稳态。

当该过程模拟至第 29s 时（已达稳态），三种工况下滚筒内物料运动情况如图 5-22 所示。此时三种工况中泥球、炉渣及钢球都已基本混合完全。

图 5-22　破碎段泥球排料过程

上述三种工况下第 29s 的颗粒系统运动速度场如图 5-23 所示。

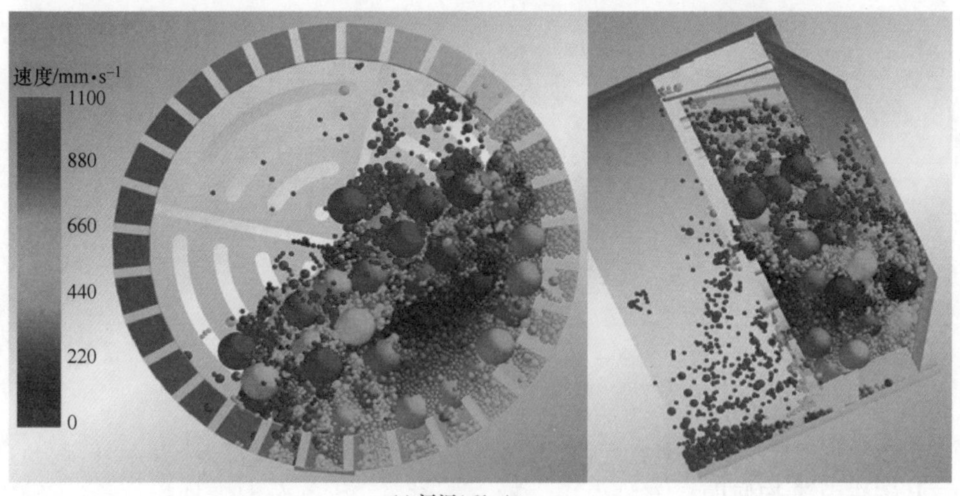

(a) 污泥1.0kg/s

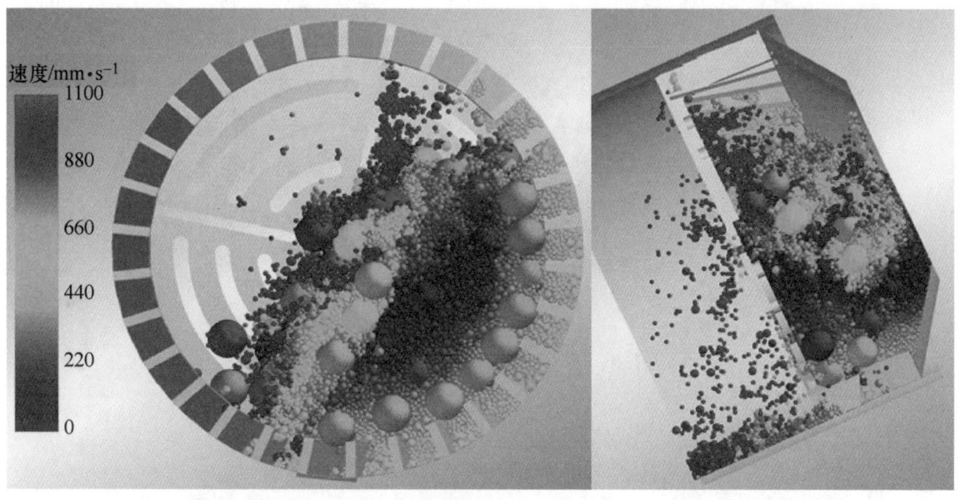

(b) 污泥1.5kg/s

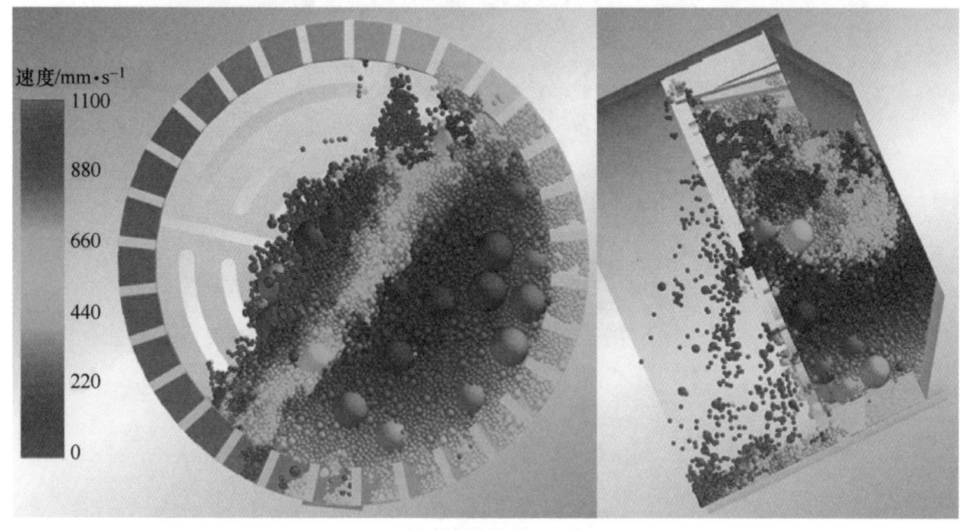

(c) 污泥2.0kg/s

图 5-23 炉渣、钢球及污泥混合运动速度场（入口截面和整体截面）

观察整体速度场可发现，与不考虑污泥的炉渣运动速度场相近。炉渣、钢球及泥球的运动基本同步，总体速度场存在明显的梯度。颗粒系统中存在一个低速运动的涡心；活动层（料面处）颗粒运动速度最快；平流层（抄板间隙颗粒）运动速度中等且速度较为恒定。

上述三种工况下第 29s 的炉渣和泥球停留时间场如图 5-24 所示。

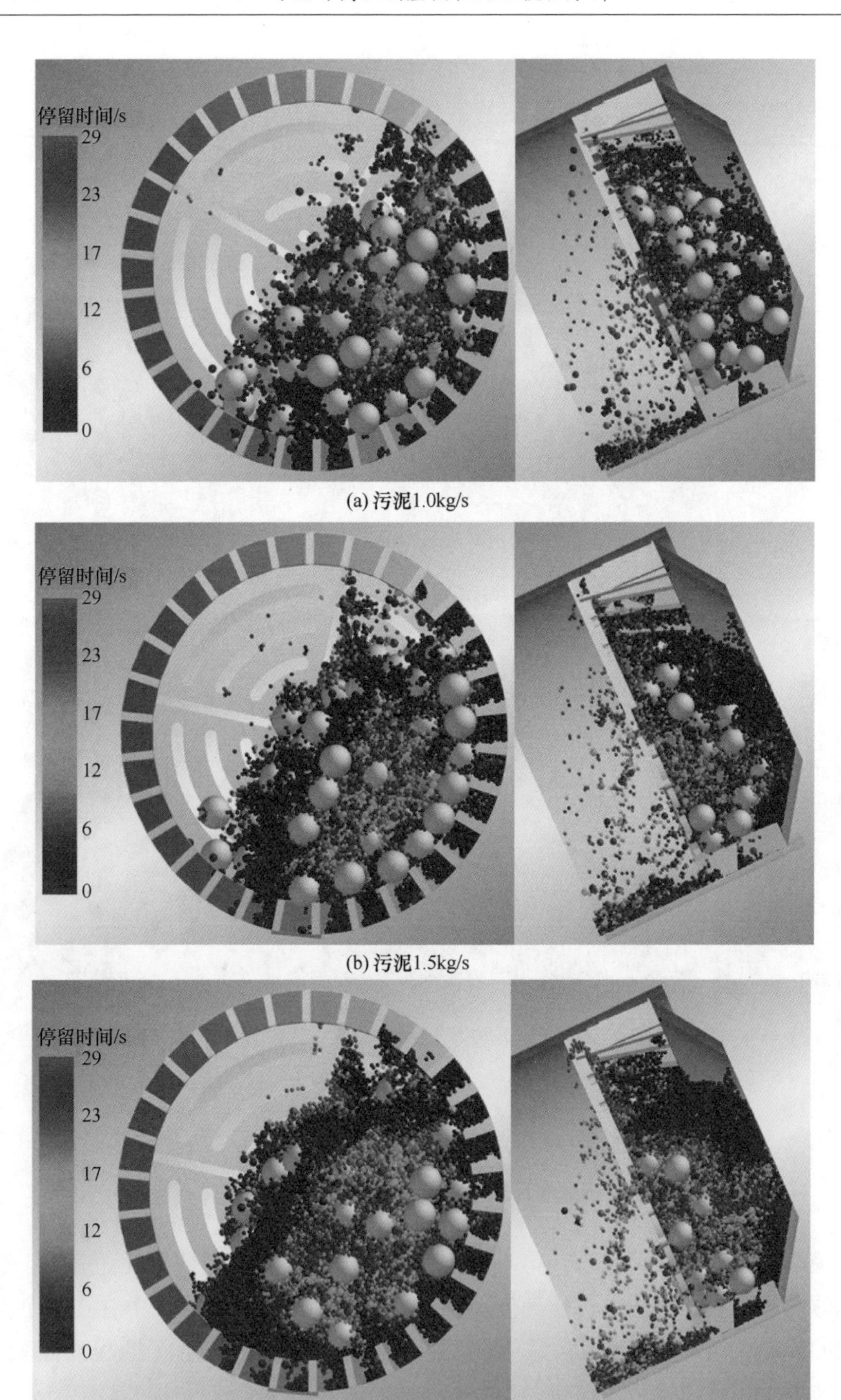

(a) 污泥1.0kg/s

(b) 污泥1.5kg/s

(c) 污泥2.0kg/s

图 5-24 炉渣和污泥停留时间场（入口截面和整体截面）

由于钢球不会离开滚筒，其停留时间就是模拟时长，故此处不需考察。观察整体停留时间场可发现，颗粒系统中存在明显的梯度。低速运动的涡心处滞留了大量炉渣和泥球颗粒，如要排出，基本只能靠通过筛板空隙排出，或缓慢渗透进底部抄板间隙；平流层（入口截面图左下角）处的颗粒停留时间最短，沿着活动层的运动方向（滚筒侧壁面处的周向），颗粒停留时间逐渐增加，同时也可以发现，活动层中主要是新来的颗粒（蓝色），也有少量旧颗粒（绿色甚至红色），反映出滚筒内部存在颗粒径向运动；活动层（料面处）颗粒停留时间更长。沿着滚筒轴向，颗粒整体停留时间越来越长，反映出滚筒内部存在颗粒轴向运动。另外，低填充率的工况中，涡心区域所占比例明显更小。图 5-25 给了三种工况下破碎段炉渣和泥球各自数量随时间的变化。

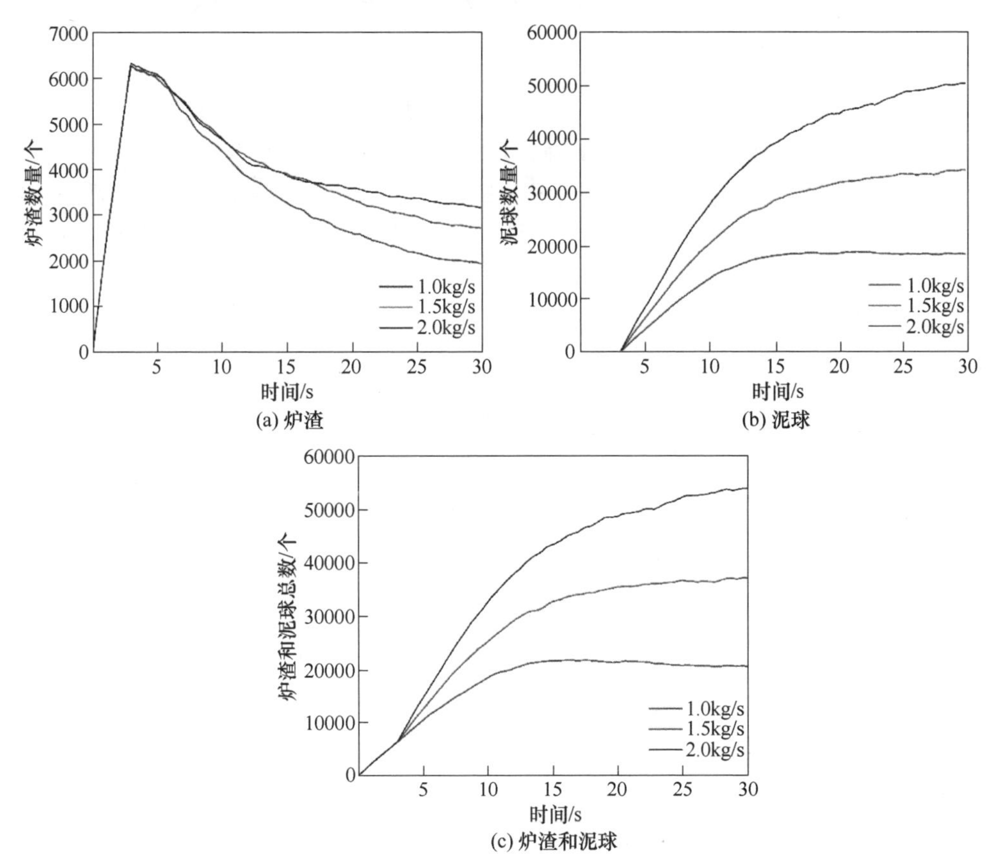

图 5-25 破碎段炉渣和泥球数量随时间的变化

第 0s 时开始快速添加炉渣，第 3s 时开始添加泥球且炉渣添加速率减小，故第 3s 的炉渣数量曲线和总数曲线都出现折点。一开始，颗粒数量以近乎线性的速度增加，这是因为此时滚筒基本还没有颗粒排出。随着时间的推移，滚筒开始排料，故颗粒数量增加速率虽逐渐减慢但一开始仍旧很快。随着颗粒数量增加，逐渐达到数量上的稳态（填充率稳定）。模拟过程中污泥添加速率为 1.5kg/s 和 2.0kg/s 的工况已基本达到稳态。理论上，只要经过足够长的时间，这三种工况都能达到稳态且质量比值应为颗粒添加质量速率的比值，表 5-1 给出模拟过程第 30s 时的颗粒数量及比值。

表 5-1　破碎段滚筒内炉渣和泥球存量（第 30s）

工况	数量/个		质量/kg		质量比值	
	炉渣	泥球	炉渣	泥球	模拟值	理论值
1.0kg/s	1924	18353	24.9836	8.236388	5.03332	3
1.5kg/s	2696	34113	35.0082	15.3091	2.286758	2
2.0kg/s	3143	50483	40.81261	22.65557	1.801438	1.5

由于前 3s 已加入了大量颗粒，滚筒内填充率较高，1.0kg/s 工况的稳态数量略小于该值，故后期数量会略微下降；1.5kg/s 工况的稳态数量稍大于该值，故后期数量仍有略微上升；2.0kg/s 工况的稳态数量明显大于该值，故全程数量都在上升。图 5-26 给了三种工况下破碎段炉渣和泥球各自平均停留时间随时间的变化。

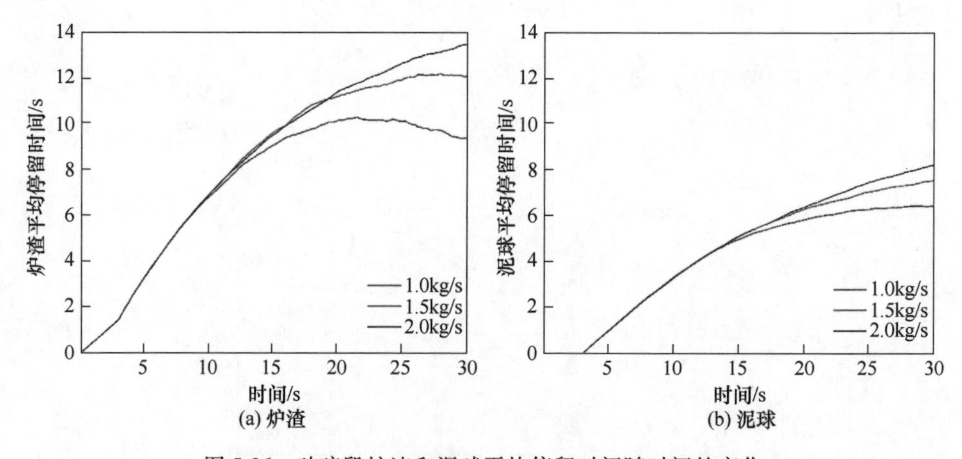

图 5-26　破碎段炉渣和泥球平均停留时间随时间的变化

无论是炉渣还是泥球，在污泥添加速率工况的平均停留时间曲线一开始是重合的，这是因为颗粒添加速率相同，但在该时长内颗粒都未排出滚筒。当不同工况的曲线开始出现差异时，表示滚筒已开始出现排料。污泥添加速率越快，滚筒内物料填充率越高，破碎段排料绝对速率（单位时间排出的颗粒数量）越快，但相对速率越慢，颗粒平均停留时间越长。由于泥球是后加入的，且添加速率一直没变，故泥球平均停留时间和泥球数量变化的趋势相同。由于炉渣是先快速大量加入，再以小速率恒速添加，且受填充率的影响，故 2.0kg/s 工况的炉渣颗粒数量减小数量最慢，且颗粒总数一直在增加，即旧颗粒更多且更难排出，其中有很多是前 3s 加入的，导致平均停留时间增加。1.0kg/s 工况已基本达到稳态，滚筒破碎段内前 3s 加入的旧颗粒越来越少，平均停留时间已出现减小。图 5-27 给出了渣破碎、传热及干燥直接相关的参数随时间的变化折线图。

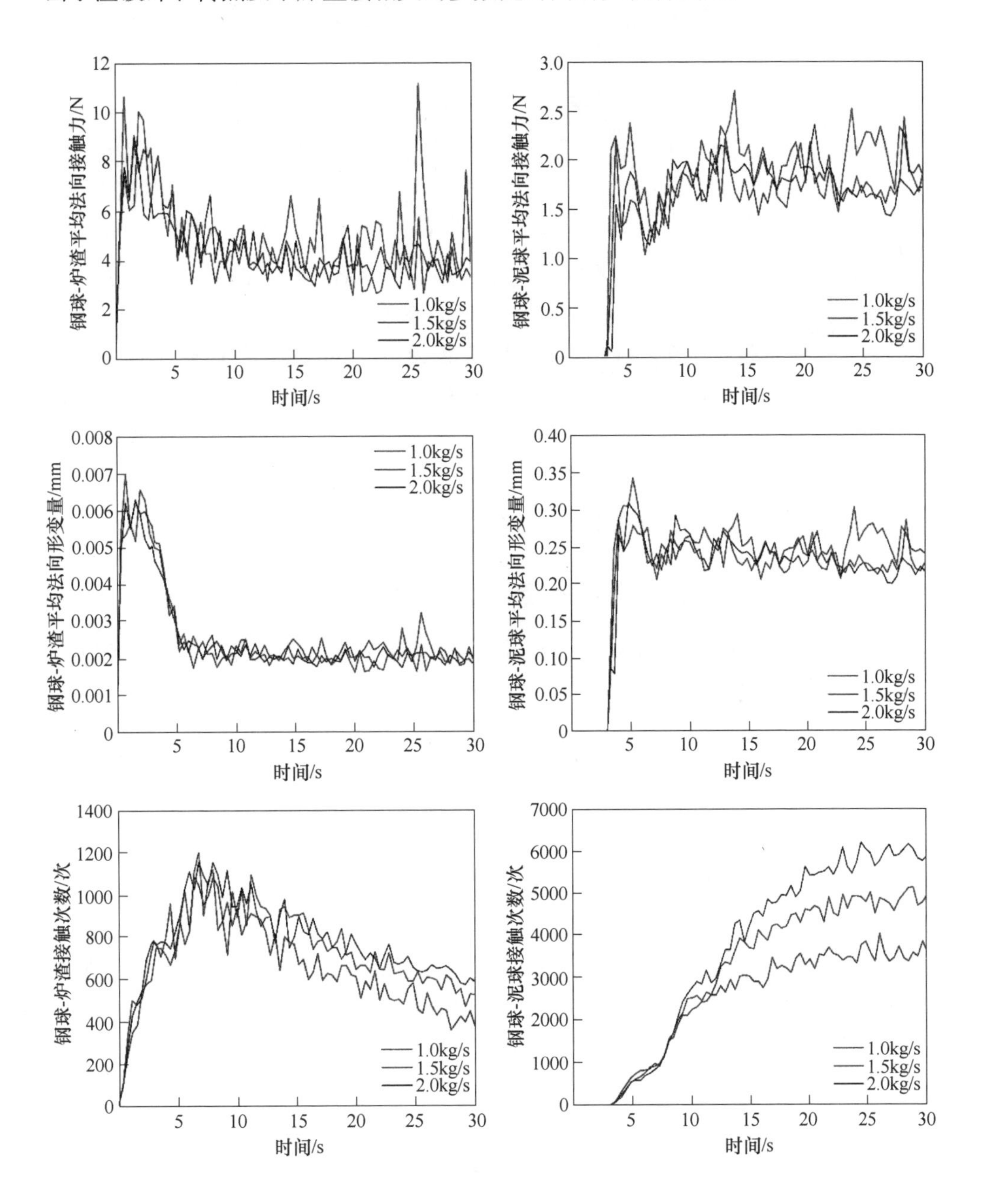

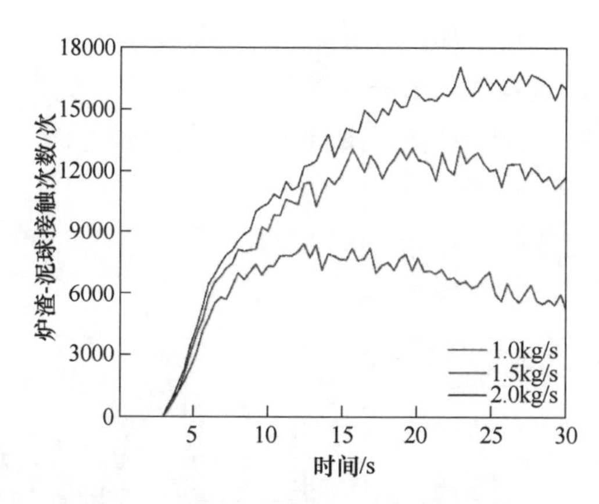

图 5-27 颗粒运动过程相互作用情况

法向接触力和法向形变量存在一定的关系，但两者变化情况不完全同步。这是因为此模拟过程考虑了熔融炉渣凝固及污泥浆干化（黏性颗粒运动）。法向的接触力或形变量越大，在现实中炉渣和污泥被钢球破碎的可能性越高，且颗粒间的接触面越大，瞬时传热系数越高。接触次数越多，表面其混合程度越高，越有利于换热。显然，颗粒间的接触次数与颗粒数量存在明显的关系，但法向接触力和法向形变量与颗粒数量没有明显的关系。

5.2 滚筒内传热传质过程模拟仿真分析

5.2.1 不添加冷却介质时钢球与炉渣传热过程模拟结果分析

滚筒内生成 100 个直径 80mm 的钢球，滚筒转速逆时针 10r/min，在钢球处于运动状态下，先快速添加炉渣颗粒（直径 15mm）至较高填充率（4528 个/s，第 3~7.4s），然后以恒定的较小速度添加炉渣（2061 个/s），以保证滚筒内部持续维持较高填充率。滚筒壁面和气体都维持 400℃。物理模型采用此前建立的数学模型。滚筒中只有颗粒系统（炉渣、钢球和气体）内部的传热以及颗粒系统与壁面间的传热，滚筒内气体类型设为空气来模拟，滚筒内炉渣和钢球各自平均温度随时间的变化如图 5-28 和图 5-29 所示。

观察可发现，随着滚筒的运行，炉渣温度缓慢降低，钢球温度缓慢升高。第 7.4s 前，钢球温度以近似线性的方式升高。对于炉渣，平均温度曲线（图 5-28 黑线）和最低温曲线（图 5-29 蓝线）在第 7.4s 时出现一个折点，温度下降速率加快。这是因为前 7.4s 炉渣加入速率是第 7.4s 后加入速率的近 2.2 倍，即单位时间新增的热渣减少，冷却更容易。而第 7.4s 后最低温度曲线多次出现少量上升的抖动。这是因为该曲线表示滚筒内所有炉渣颗粒的温度最低值，不同时刻表示的可能是不同的颗粒，而且这一时刻的最低温度颗粒在下一时刻可能已排出滚筒。对于钢球，最高温度曲线在第 7.4s 时出现一个折点，出现折点后升温速度变慢，最低温度曲线约在第 8.2s 才出现折点，出现折点后升温速度变快。这是因为第 7.4s 后炉渣添加速率变慢，钢球获得热量的速度变慢，导致最高温曲线上升变慢；另外熔渣冲击钢球过程是钢球获得热量最快的方式，远快于固体炉渣与钢球的换热，且熔渣流量不大，冲击不到几个钢球后就凝固了，温度最低的钢球一开始就是未被冲击到的钢球，到第 8.2s 后每个钢球都至少被熔渣冲击过一次，温度升高速度加快。

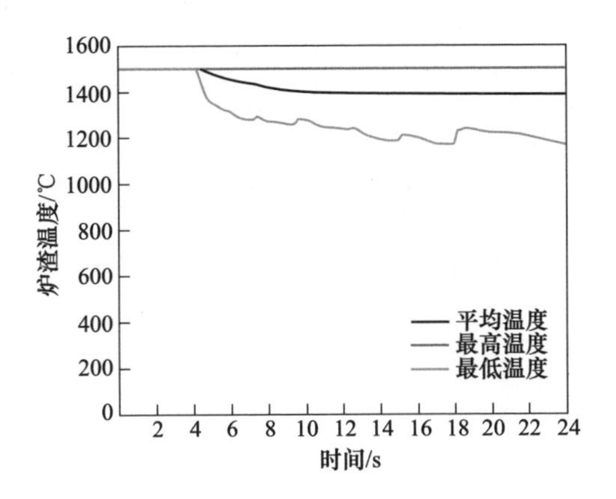

图 5-28 炉渣平均温度随时间的变化

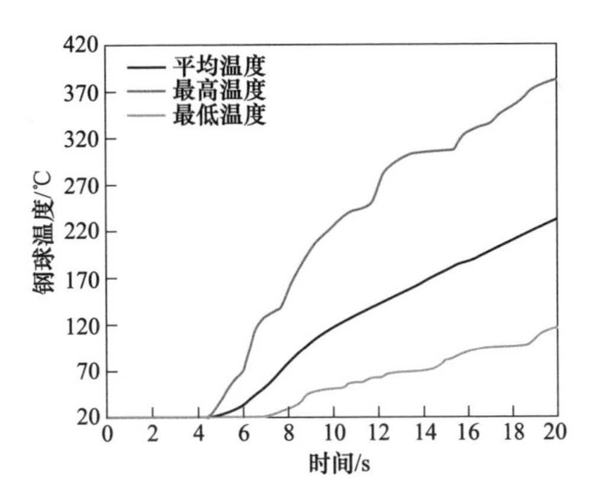

图 5-29 钢球平均温度随时间的变化

5.2.2 添加冷却水时钢球与炉渣传热过程模拟结果分析

滚筒内生成 100 个直径 80mm 的钢球，滚筒转速逆时针 10r/min，在钢球处于运动状态下，先快速添加炉渣颗粒（直径 15mm）至较高填充率（4528 个/s，3~7.4s），然后以恒定的较小速度添加炉渣（2061 个/s），以保证滚筒内部持续维持较高填充率。第 4s 开始以 20000L/h、25000L/h 和 30000L/h 三种流量向滚筒中连续添加冷却水，滚筒壁面维持 150℃，添加冷却介质前滚筒内气体类型设为空气，添加冷却介质后气体类型设为水蒸气，气体维持 150℃。炉渣和钢球各自平均温度随时间的变化如图 5-30 和图 5-31 所示。

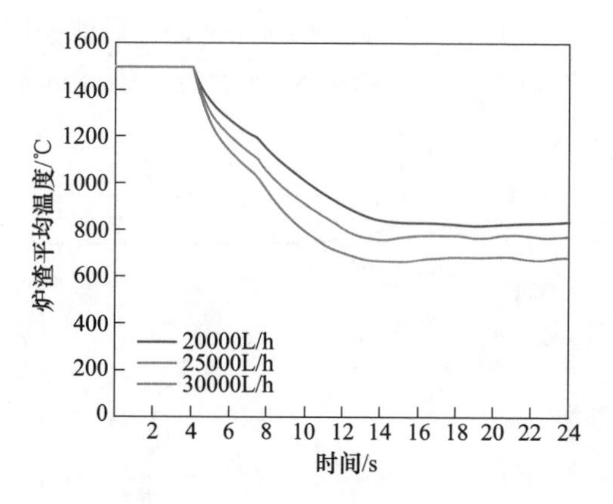

图 5-30　炉渣平均温度随时间的变化

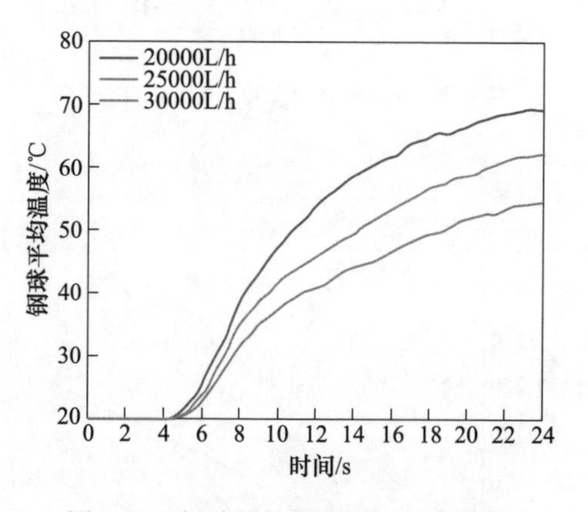

图 5-31　钢球平均温度随时间的变化

观察可发现，随着滚筒的运行，颗粒系统传热过程达到稳态，炉渣温度逐渐下降最后趋于稳定，钢球温度先升后降最后趋于稳定。随着冷却水添加速率的增加，炉渣和钢球的温度变化速率增加，达到稳态所需时间减少，且稳态最终温度降低。在炉渣与钢球的混合传热过程中，炉渣的温度变化没有钢球的灵敏，炉渣温度波动没有钢球温度的剧烈。这是因为炉渣数量较多，有部分未及时与钢球接触，温度变化较慢；钢球数量较少，每个都与大量炉渣接触，温度变化较快。

图 5-32 为滚筒破碎段内炉渣数量随时间的变化，第 7.4s 后炉渣数量基本稳定在一定范围内波动。在滚筒运行至第 7.4s 时，炉渣添加速率减慢，故导致炉

渣和钢球温度变化曲线会出现折点，炉渣温降速度变快，钢球温升速度出现变化。但由于此时炉渣数量的基数大，钢球温度仍有升高，随着冷却水的继续添加，钢球温度变化出现拐点，趋势变化比炉渣温度滞后。

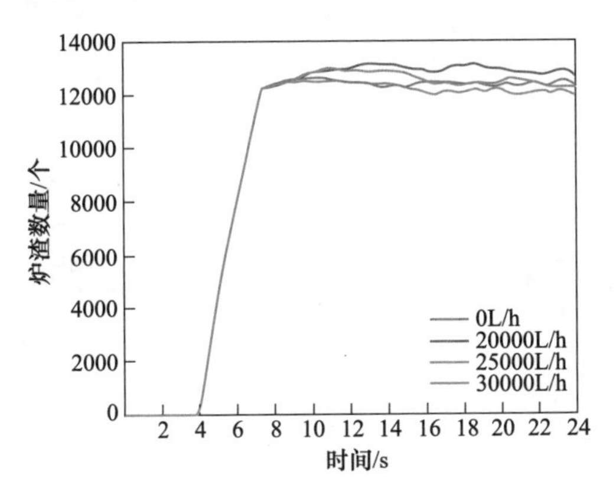

图 5-32 炉渣数量随时间的变化

另外，专门考察通过筛板后的炉渣颗粒温度分布情况，即图 5-33 中的橙色颗粒。三种工况下，滚筒运行至第 20s 时筛板后的炉渣温度分布如图 5-34 所示。此时炉渣温度已基本到达稳态。随着冷却水添加速率的增加，炉渣整体温度越低，且越向最低温度集中。另外，由于筛板出来的颗粒在破碎段的停留时间相差较大，有些是刚落到底部抄板间就通过筛板底部空隙被排出，有些是落到抄板后随着抄板运行至较高位置才通过筛板空隙被排出，有些更加是随着抄板运行至顶部被抛落再回到破碎段颗粒床层中，经多次该周期性过程后才通过筛板空隙被排

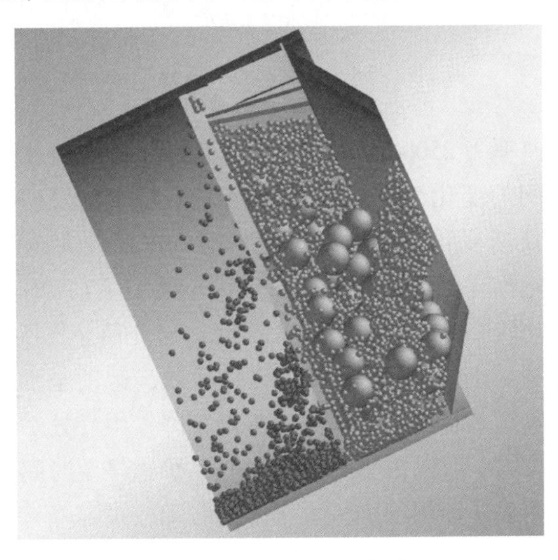

图 5-33 炉渣温度追踪颗粒

出，所以橙色颗粒温度分布也较为广。由于模拟结果中钢球温度分布较为集中，此处不做展示。

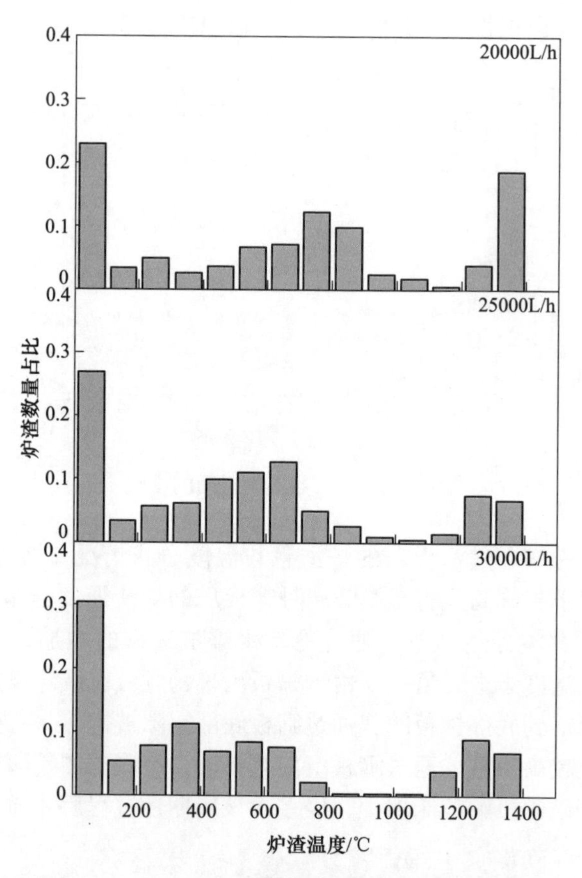

图 5-34　出口炉渣温度分布

以冷却水添加速率为 25000L/h 的工况为例，滚筒运行过程中颗粒（炉渣和钢球）温度场随时间的变化情况如图 5-35 所示。观察可发现，在破碎段，炉渣与钢球混合，温度快速变化。相较于炉渣，钢球体积较大，分配到的冷却水较多，故钢球温度变化幅度比炉渣的小。在运行至约 10～15s 时间范围内，颗粒系统达到稳态。由运动研究可知，炉渣进入滚筒后，先落至图 5-35（a）接近正下方的左下角，然后进入抄板间随着滚筒壁面运动，运动至图 5-35（b）右上角后，进入料面。沿着运动轨迹，炉渣温度逐渐下降。中心处炉渣温度最低，且与周围炉渣温度相差较大，这是因为此处近涡心，炉渣停留时间较长，与钢球及冷却水充分换热温降明显，而周围炉渣由于停留时间较短温降有限，随着运行时间的增加，温度差距越来越大。

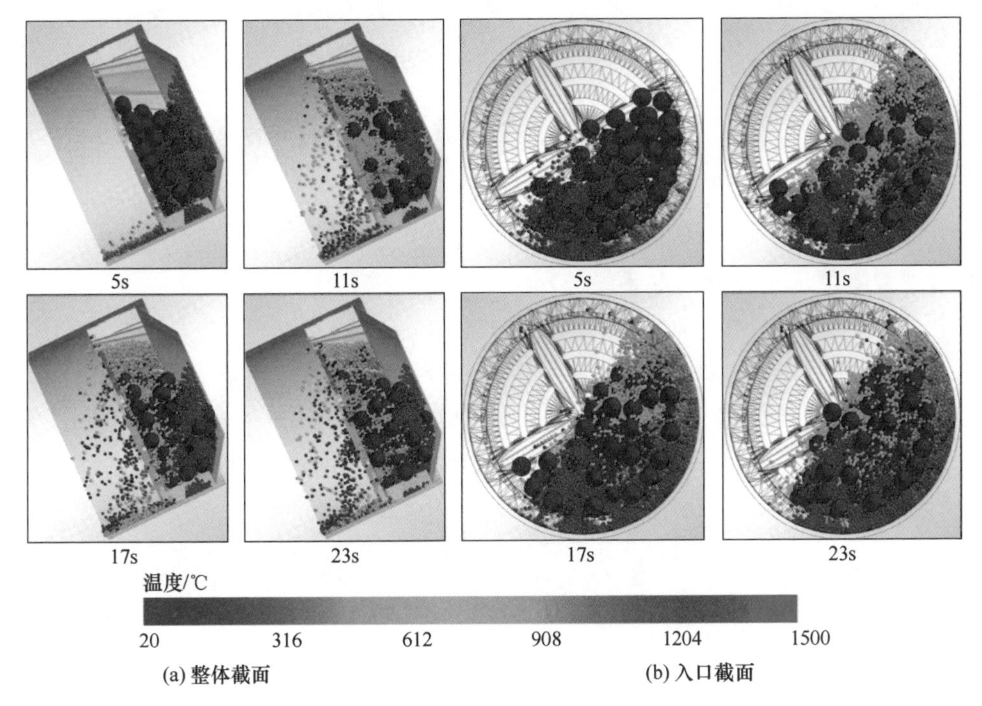

图 5-35 破碎段颗粒（炉渣和钢球）温度场随时间的变化情况（25000L/h）

5.2.3 污泥、钢球与炉渣及泥球传热传质过程模拟结果分析

上节展示了该过程的运动方面模拟结果，本节展示该过程的传热方面模拟结果。模拟过程中滚筒壁面维持 200℃。添加冷却介质前滚筒内气体类型设为空气，添加冷却介质后气体类型设为水蒸气，气体维持 150℃。炉渣、钢球和泥球各自平均温度以及泥球湿基含水率随时间的变化如图 5-36~图 5-39 所示。

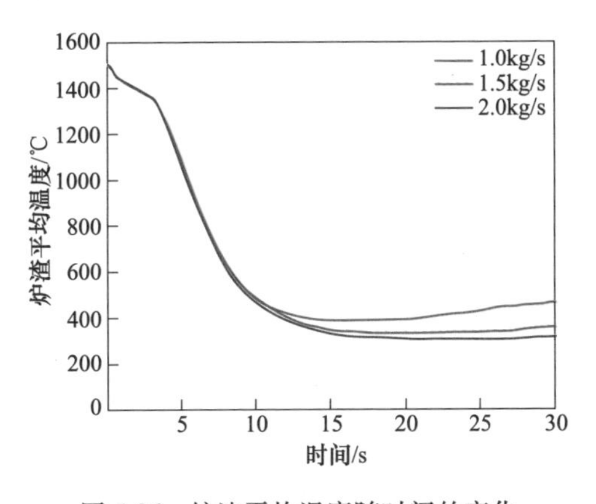

图 5-36 炉渣平均温度随时间的变化

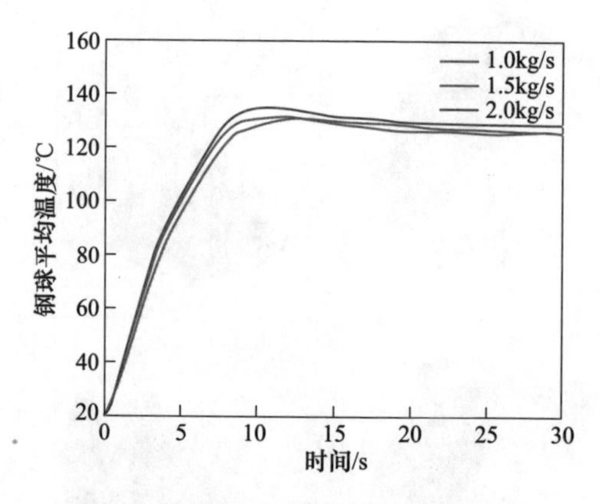

图 5-37 钢球平均温度随时间的变化

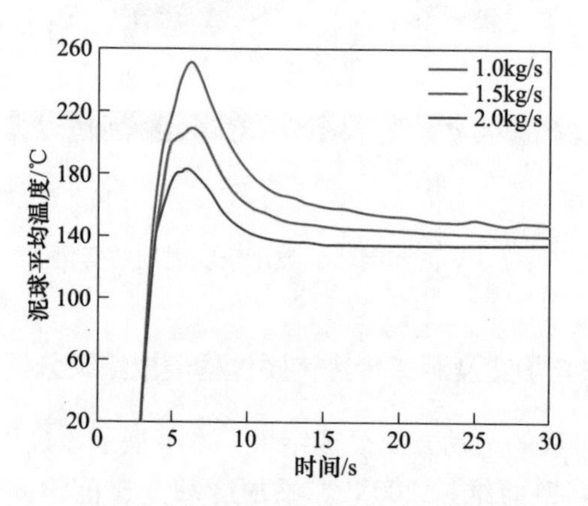

图 5-38 泥球平均温度随时间的变化

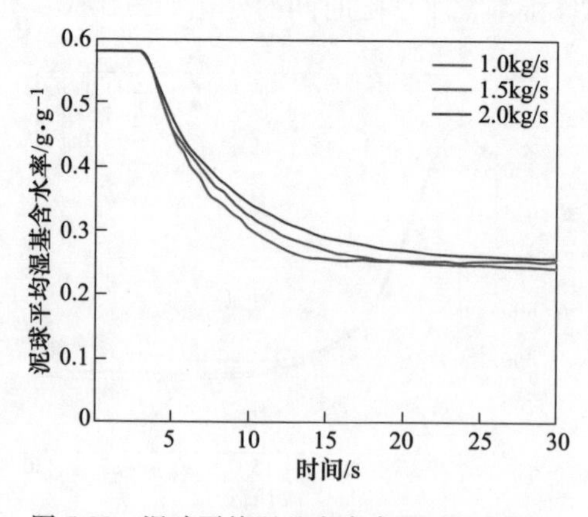

图 5-39 泥球平均湿基含水率随时间的变化

对于炉渣，随着滚筒的运行，平均温度先以由快到慢的方式逐渐下降，下降到一定温度后又出现小幅度上升。第3s时由于炉渣添加速率减慢且污泥浆加入，故曲线出现折点，降温速率加快。随着泥浆添加速率的增大，炉渣温降幅度越大，最后回升幅度越小。这是因为随着泥浆添加速率的增大，滚筒内炉渣数量也在增加，炉渣和泥球的平均停留时间也在增加，故温降幅度会增大。由图可知，随着时间的推移，炉渣数量一直减少，与钢球的接触次数一直在下降，与泥球的接触次数也都已经开始出现下降，另外随着污泥添加速率越大，炉渣与钢球的接触次数却越多，而且1.0kg/s工况的炉渣平均停留时间先增后降，多因素影响下该工况的炉渣平均温度出现明显回升；1.5kg/s工况的炉渣平均停留时间曲线斜率已开始小于零，多因素影响下该工况的炉渣平均温度已出现少量回升；2.0kg/s工况的炉渣平均停留时间到后期仍旧在上升，但与炉渣和泥球的接触次数却出现下降，多因素影响下该工况的炉渣平均温度也出现略微回升。

对于钢球，随着滚筒的运行，平均温度先较快速升高然后趋于平稳最后略微下降。一开始三种工况的曲线都基本重合，由于不同速率的污泥浆加入导致第3s后出现较明显的差异。由图可知，随着时间的推移，炉渣与钢球接触次数一直在下降，且泥球与钢球的接触次数基本保持逐渐减速的上升，故钢球温度最后出现缓慢下降；随着污泥添加速率的增加，炉渣与钢球的接触次数增加，但泥球与钢球的接触次数也增加，多因素影响下2.0kg/s的工况钢球温度最高。由于钢球数量多且质量大，三种工况下的平均温度变化趋势很不明显。

对于泥球，随着滚筒的运行，平均温度先快速升高然后下降最后趋于平稳，平均湿基含水率逐渐下降最后趋于平稳。随着泥浆添加速率的增大，泥球温度最高点越低，最后平稳平均温度越低，但最后平稳平均湿基含水率不是越高。随着泥浆添加速率的增大，按照经验一般是污泥的平均湿基含水率越高，但模拟中出现了1.0kg/s工况的平均湿基含水率高于1.5kg/s工况的平均湿基含水率甚至接近2.0kg/s工况的含水率的现象。这是因为，一方面随着泥浆添加速率的增大，炉渣和泥球的平均停留时间也在增加，这是有利于干燥的；另一方面炉渣添加速率是不变的且温度更低，而泥球添加速率更快，这是不利于干燥的；而且虽然1.0kg/s工况的泥球数量比1.5kg/s工况的少，但其炉渣数量也比1.5kg/s工况的少，多因素影响下致使这现象。

在炉渣、钢球和泥球的混合传热过程中，三种物质的温度变化滞后性：钢球>泥球>炉渣。这是因为：炉渣是滚筒内颗粒系统中唯一热源，钢球和泥球的温度变化都主要由它决定；钢球既是蓄热体也是冷却介质，而且总质量大，温度变化缓慢；污泥属于冷却介质，与炉渣混合接触情况远比钢球强烈，最后平均温度已高于钢球平均温度，但由于升温过程中需消耗部分热量来干燥水分，其温度变化会滞后于炉渣。

为明确滚筒破碎段出口泥球温度和湿基含水率的关系，专门将上述三种工况下滚筒运行至第30s时排出筛板的颗粒进行选取，统计其温度和湿基含水率。出口炉渣和泥球的温度分布如图5-40所示。由于钢球数量较少且温度较集中，此处不作展示。

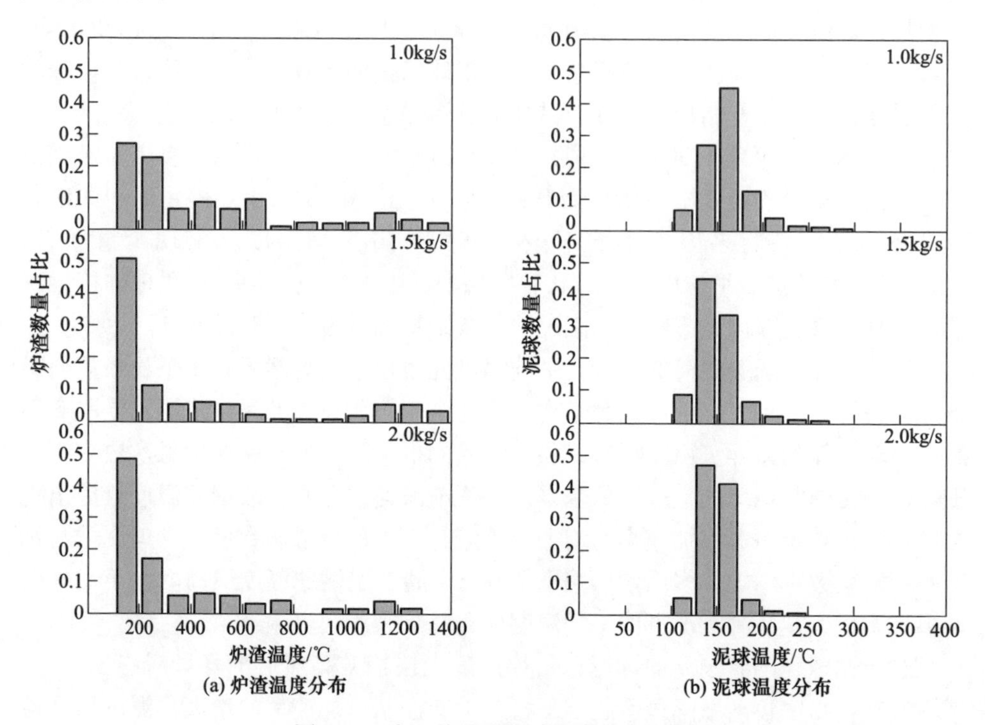

图5-40　出口炉渣和泥球温度分布变化

污泥添加速率越快，炉渣和泥球整体温度越低，且炉渣越向最低温度集中，泥球的平均温度（162.0℃、151.6℃和150.4℃）和标准差（30.9℃、26.7℃和19.0℃）越小。另外，由于不同颗粒的运动过程相差较大，故筛板出来的出口颗粒的停留时间相差较大，导致出口颗粒温度分布也较为广。显然，出口炉渣中有少量温度特别高，这都是落于抄板间隙的炉渣在抄板抬升阶段就通过筛板。随着污泥添加速率加快，炉渣在700~1100℃区间的颗粒明显减少。泥球的温度分布较为集中，主要在100~200℃区间。

同时，为观察泥球含水率变化，分析此时刻的出口泥球温度和湿基含水率，其变化规律如图5-41所示。

观察可发现，温度高的泥球不一定湿基含水率就低，温度低的泥球也不一定湿基含水率就高。说明泥球湿基含水率不只泥球温度有关，还与停留时间等因素有关。每种工况都既存在部分已被完全干燥的污泥，也存在少量几乎未被干燥的污泥。未被干燥污泥的出现是因为干燥模型认为泥球温度只有达到100℃才会有

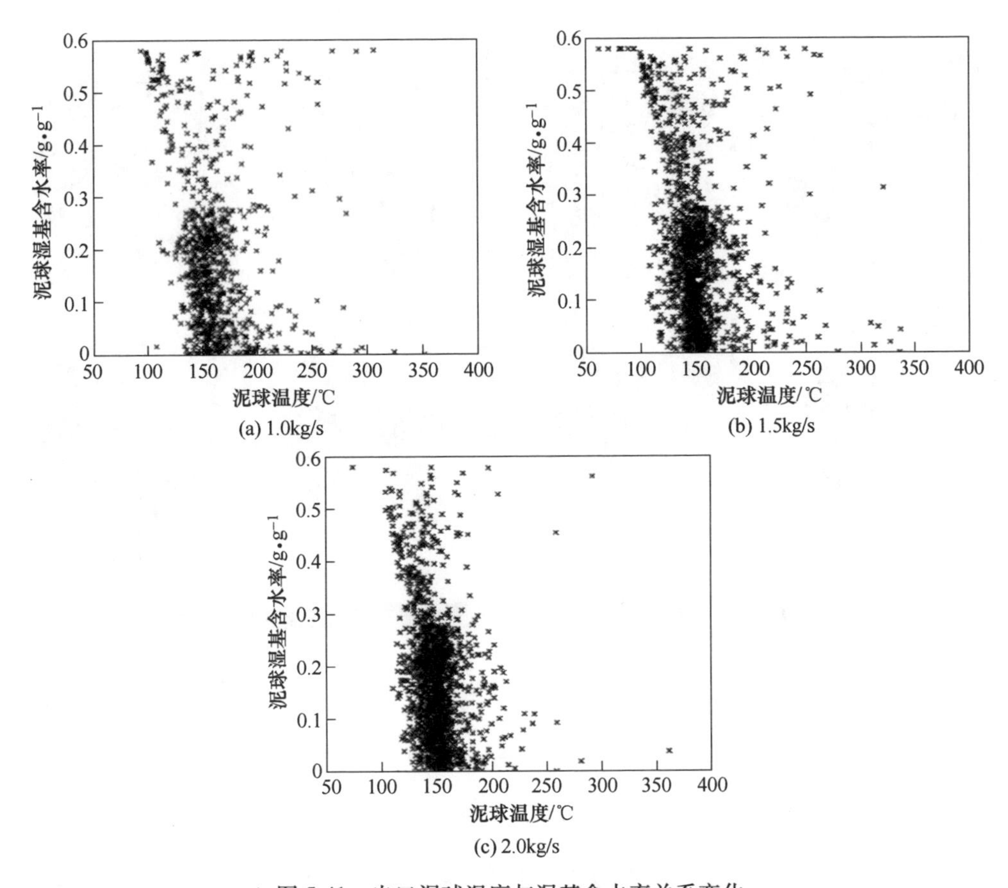

图 5-41 出口泥球温度与湿基含水率关系变化

水分干燥，所以图中虽有未被干燥的污泥，但其温度已高于初始温度。另外通过计算发现，随着污泥添加速率加快，出口泥球湿基含水率的平均值（0.193g/g、0.190g/g 和 0.176g/g）和标准差（0.156g/g、0.145g/g 和 0.121g/g）都在减小。

以污泥浆处理量为 1.5kg/s 的工况为例，滚筒运行过程中颗粒（炉渣、泥球及钢球）温度场随时间的变化情况如图 5-42 所示。观察可发现，在破碎段，炉渣、钢球和泥球混合，温度快速变化。相较于炉渣，钢球质量较大，泥球升温过程中还需消耗部分热量用于干燥，故两者的温度变化都没有炉渣的明显。在运行至约第 21s 时，颗粒系统达到稳态。由运动研究可知，炉渣进入滚筒后，先落至滚筒底部抄板间，然后随着抄板被抬升至高处后洒落。在图中可看出，沿着运动轨迹，炉渣温度逐渐下降。第 12s 截图可看出，中心处炉渣温度较高，且与周围炉渣温度相差较大，这是因为此处近涡心，炉渣运动慢，未能及时与污泥混合，随着时间的推移，涡心炉渣停留时间越来越长，温度降至很低，而周围炉渣由于停留时间较短温降有限，随着运行时间的增加，温度差距越来越大。

图 5-42　颗粒（炉渣、钢球及泥球）温度场随时间的变化情况（1.5kg/s）

滚筒运行过程中，泥球湿基含水率随时间的变化情况如图 5-43 所示。此处

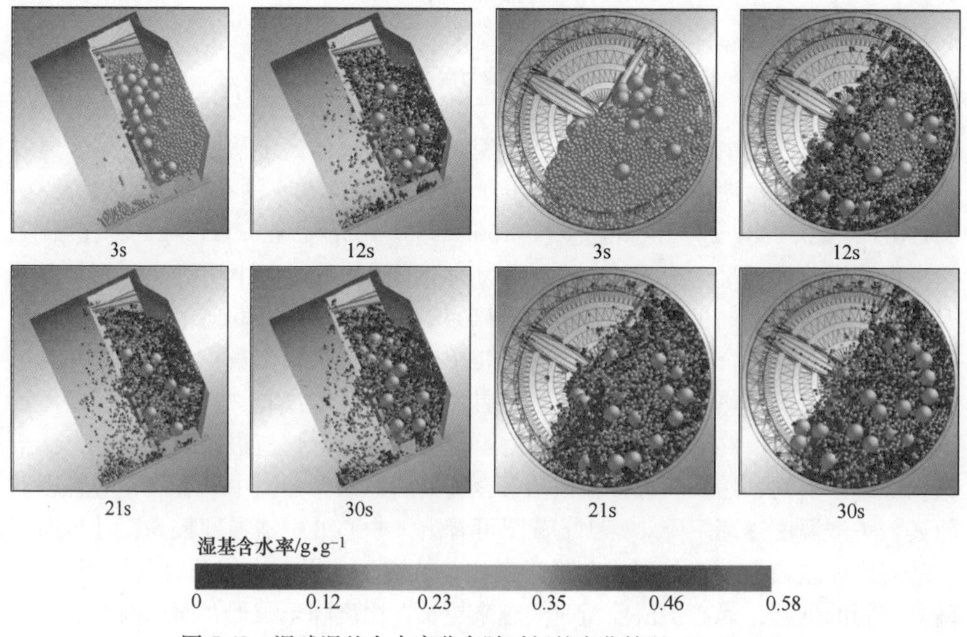

图 5-43　泥球湿基含水率分布随时间的变化情况（1.5kg/s）

为方便观察，将炉渣颗粒颜色设为黄绿色，钢球颜色设为浅灰色。沿着物料运动轨迹，泥球含水率逐渐下降。在运行至约第 21s 时，泥球含水率分布基本达到稳态。从图可发现，会有部分含水率高（红色）的泥球过早通过筛板而进入滚筒后半段，这明显影响运行效果。第 12s 截图可看出，涡心处一开始基本没有泥球，随着时间的推移，涡心也充满了泥球，而且由于停留时间较长，湿基含水率降至很低，而周围泥球由于停留时间较短干燥程度有限，随着运行时间的增加，湿基含水率差距越来越大。

6 钢渣与污泥耦合处理工程方案

本章针对典型污泥的物理性能、化学性能进行了分析，并对污泥的成分和干燥特性进行了实验研究，在此基础上根据现有试验条件，针对三种典型钢铁污泥完成了熔渣干化污泥的试验验证，制定了完整的工程化实施方案。

6.1 钢渣与污泥耦合处理中试试验

6.1.1 污泥的理化性能分析

污泥物理性能变化主要包括污泥含水率、黏度随温度变化曲线、粒径曲线分布、热重测试失重和失重速率随温度变化曲线，详细物理性能测试及结果如下。

6.1.1.1 含水率

污泥含水率是指污泥中水的质量在污泥总质量中所占的百分比。含水率测试过程参照《城市污水处理厂污泥检验方法》（CJ 221—2005）中含水率的测定流程进行操作。

测试过程中将均匀的污泥样品放在称至恒重的蒸发皿中于水浴上蒸干，放在105℃烘箱进行干燥，干燥过程中试样减重的百分比就是污泥的含水率。污泥中的含水率 ω 的数值，以%表示，按下式计算：

$$\omega = \frac{m - (m_2 - m_1)}{m} \times 100\% \tag{6-1}$$

式中 m——污泥的质量，g；

m_2——恒重后蒸发皿和污泥的总重，g；

m_1——蒸发皿的质量，g。

经测试后污泥含水率如表 6-1 所示。

表 6-1 各种类污泥的含水率

污泥种类	含水率 1/%	含水率 2/%
OG 污泥	11.5	13.8
含铬污泥	58.2	62.4
碱性污泥	83.4	87.6

6.1.1.2 污泥黏度

黏度是用来表示液体黏性大小。本书采用旋转黏度计测定流体动力黏度，国内基本上使用的是国产的NDJ型旋转黏度计，通过配备不同的转子可在一定程度上解决测量范围较窄的问题。

在测量过程中，待测液体（尽量不要混入气泡）放入直径不小于70mm的烧杯中，准确地控制被测液体温度（通过水浴加热，将污泥从25℃升至70℃，再自然降温）。转子保护架放在仪器上，根据量程选配转子，旋入连接螺杆。旋转升降按钮，仪器缓慢下降，转子浸入被测液体中，至转子液面标志和液面相平。接通电源开关，使转子旋转，转动变速旋钮至所需的转速上，待指针趋于稳定，读取读数，污泥动力黏度测量数据如表6-2所示。

表6-2 不同温度下污泥的动力黏度 (mPa·s)

项目	25℃	40℃	50℃	60℃	70℃
OG污泥—*MC* 70%	27640	24360	20600	18300	12900
含铬污泥—*MC* 80%	1257	975	692	457	300
碱性污泥—*MC* 90%	17560	12500	8280	6100	5160

由表6-2可以看出，温度升高时，污泥的动力黏度会因为表面张力及分子热运动作用而变化，其变化规律随温度升高而降低，基本呈线性关系。黏度变化对污泥干化试验和污泥输运有直接影响。污泥流型、浓度、管长都影响着污泥流速，同时影响输送阻力平均流速常用来描述流体的速度，影响着流体流态。在平均流速较小的情况下，流体通常处于层流状态，固体颗粒十分容易沉降，堆积在管底，堵塞管道；随着平均流速的增加，流体逐渐处于紊流状态，颗粒间的相互碰撞加强，消耗更多能量，导致阻力增加。钢铁污泥包括OG污泥、含铬污泥、碱性污泥等，大部分是钢铁生产工艺中工业废水经处理后沉淀分离出的污浊物质，是高浓度黏稠污泥，有较强的持水性，表观黏度变化较大，不易运输。

6.1.1.3 污泥粒径

本书选择典型的污泥样品进行粒径分布测试。样品的粒径分布采用激光粒度仪Microtrac Ⅰ进行测试。测试软件还会给出d_{10}、d_{50}和d_{90}的值。

污泥粒径对干化过程有很大的影响，粒径越小，同样质量的污泥表面积越大，水分越容易散失。本书采用激光粒度仪分别对污泥现场样品和烘干后样品的粒径进行了测试，测试结果如表6-3所示。

表 6-3　污泥中值粒径 d_{50}

污泥种类	中值粒径 d_{50}/μm
OG 污泥（现场样）	212.5
OG 污泥（干燥样）	230.1
含铬污泥（现场样）	100.7
含铬污泥（干燥样）	117.7
含铬污泥（滚筒法）	163.9
碱性污泥（干燥样）	75.25
碱性污泥（滚筒法）	186.2

由表 6-3 可知，污泥的颗粒粒径基本分布在 0~250μm 区间。OG 污泥的粒径比较大，在所有污泥中外观看起来属于粗渣，也是平均含水率比较低的污泥。含铬污泥与碱性污泥的粒径分布比较相似，集中在 100μm 左右。两种污泥干燥后容易分离，但是由于粒径比较小，在干化过程中易产生粉尘。

污泥颗粒的大小，表面电荷水合程度以及颗粒间的相互作用也是影响污泥脱水的主要因素。污泥颗粒越小颗粒比表面积越大。污泥中的颗粒大多数是相互排斥的。由于水合作用，有一层或几层水附在颗粒表面阻碍了颗粒相互结合，并且污泥颗粒一般都带负电荷，相互之间表现为排斥，造成稳定的分散状态。污泥干化后会产生粉尘。根据粉尘的定义，即由自然力或者机械力产生的，能够悬浮于空气中的固态微小颗粒，国际上将粒径小于 75μm 的固体悬浮物定义为粉尘。在通风除尘技术中，一般将 1~200μm 乃至更大粒径的固体悬浮物均视为粉尘，污泥在干燥过程中如果干燥过度会产生大量的粉尘，其沉降时间都在 100s 以上，因此需要除尘后才可以排放。

污泥化学性能主要包括硫碳分析、污泥焙烧前后重金属离子、矿物油含量等数据分析。元素分析采用硫碳分析仪和化学滴定法，本书中分析现场样品中 C、S、N 的总含量。元素在不同温度下的变化情况由焙烧试验样品 EDS 分析情况可获得。测定每种污泥中 7 种重金属离子的含量。测定污泥中矿物油的含量，测定的是物理性质相似的物质总量，采用重量法。详细化学性能测试及结果如下。

元素分析仪可分析固体材料中的碳、氢、氧、氮和硫元素含量百分比。X 射线荧光光谱仪元素分析仪可分析固体材料中原子序数 9 的氟到原子序数 92 的铀的含量百分比。将污泥固体产物粉碎至 200 目，精确称重后放入样品皿放入元素分析仪待测样品槽中，每个样品做 2 个平行样。本书重点分析污泥中 C、S、N 元素的含量，污泥中 C、S、N 元素含量如表 6-4 所示。分析结果表明，OG 污泥 C、S、N 含量都比较低，可适用于滚筒法干燥。

表 6-4 污泥中 C、S、N 含量

污泥种类	质量/mg	C/%	S/%	N/%
OG 污泥	19. 031	0. 93	<0. 1	0. 02
	26. 288	0. 95	<0. 1	0. 05
含铬污泥	18. 939	0. 83	15. 50	2. 3
	20. 255	0. 79	16. 72	2. 25
	25. 482	0. 81	13. 20	
	21. 117	0. 80	13. 85	
碱性污泥	18. 147	35. 99	0. 45	0. 01
	20. 340	36. 02	0. 42	0. 02

OG 污泥中的 C、S、N 含量比较低。而含铬污泥中的 S 含量比较高，如果污泥干化过程中接触空气的话，会产生大量的 SO_2 气体，对干化后排放气体提出脱硫的要求。碱性污泥中的 C 含量比较高，说明在高温下容易碳化。

污泥热重实验采用热重分析仪，实验过程中，首先对试样坩埚进行称重，随着温度升高，当有水分和分解气析出后，试样质量会发生变化。热重法可以完成定量测试，能准确地测定物质质量变化以及变化速率。待测试污泥放在恒温干燥箱内 105℃环境下干燥 24h，用研钵磨成过 80 目筛（≤200μm）的粉末，再加去离子水配成相应含水率的待测污泥。经过精确称量后，使用热重分析仪进行测试，初始温度 40℃，终温 900℃，升温速率 50℃/min，采用 N_2 气氛，可获得污泥的 TG、DTG 曲线。

实验过程中随着温度升高，各种类污泥质量变化由热重分析仪记录下来。污泥中所含水分的多少称为含水量。污泥中的含水量用含水率来表示，即单位质量的污泥所含水分的质量百分数。污泥中水主要以三种形式存在：（1）颗粒间隙中的自由水，自由水与固体粒子不直接结合；（2）存在于颗粒间的毛细管中的毛细水，浓缩作用不能使毛细水分离，只有施加更大的外力，使毛细孔变形才能把这部分水分离；（3）吸附在颗粒表面的吸附水以及污泥颗粒内部的结合水，与固体粒子结合较为牢固，单用机械方法不能达到排出目的，必须采用生物化学法或者通过加热的方法才能排出。

以含水率 2%含铬污泥为例，其 TG/DTG 曲线如图 6-1 所示。当环境温度达到 150℃区间内，失重速率开始出现波动，质量变化为 5. 09%，之后快速进入失重阶段，此阶段以分离自由水为主。出现在 100℃左右失重速率波动的原因可能与污泥表面饱和水蒸气达到 100℃后与加热气氛中过热水蒸气的压差陡然增大有关。

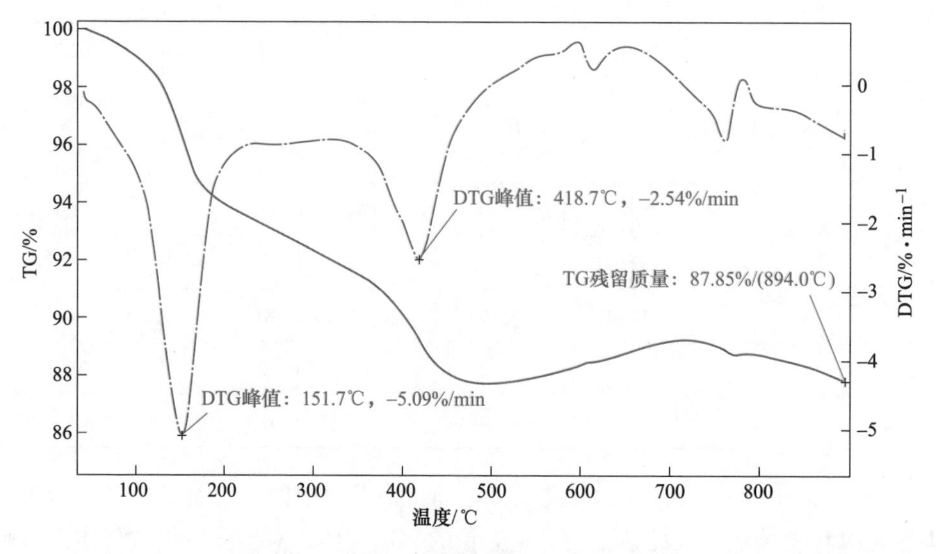

图 6-1　含铬污泥热重曲线（含水率 2%）

快速失重阶段结束后进入失重速率稳定阶段，以分离污泥内部的自由水、毛细水为主。出现稳定阶段是因为污泥中的水分温度到一定值后，水分的扩散能力得以全面提升，此时坩埚壁面及加热空气传给污泥的热量等于污泥表面水分气化所需潜热，因而失重速率波动很小并趋于恒速。之后以分离毛细结合水和污泥颗粒表面吸附水为主，此部分水分相比自由水难以脱除。不同含水率下各种污泥在相同升温速率下的干化特性如图 6-2~图 6-7 所示。

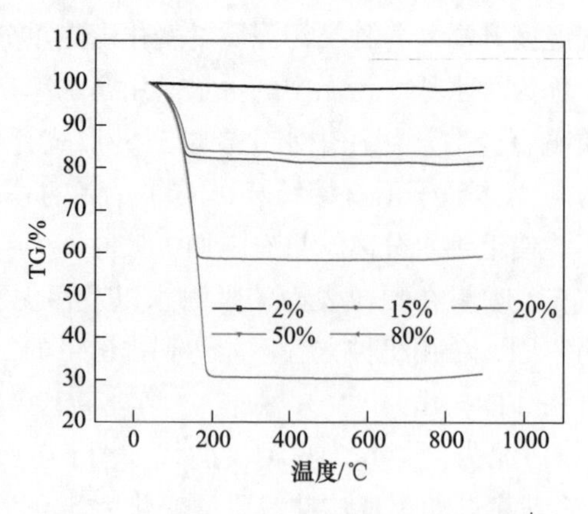

图 6-2　不同含水率 OG 污泥干化特性曲线

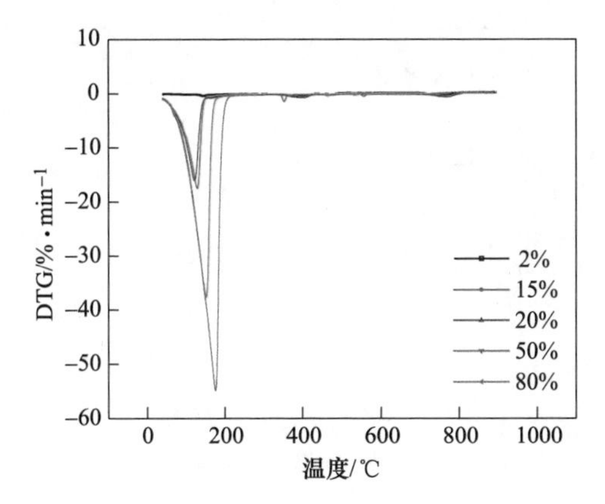

图 6-3 不同含水率 OG 污泥干化 DTG 曲线

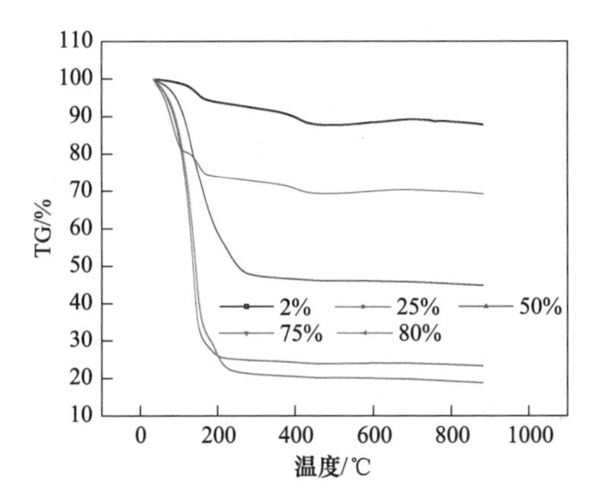

图 6-4 不同含水率含铬污泥干化特性曲线

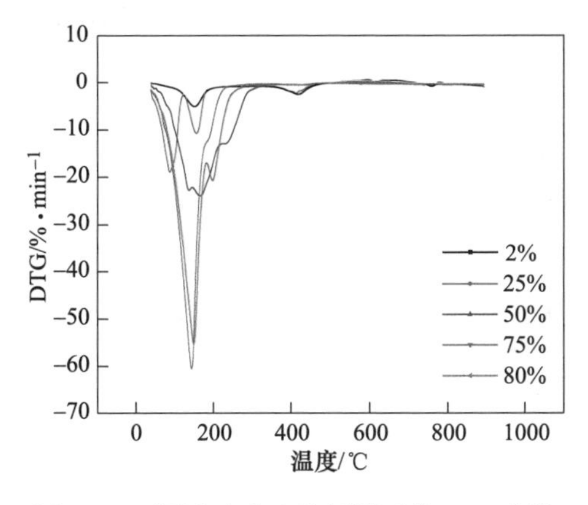

图 6-5 不同含水率含铬污泥干化 DTG 曲线

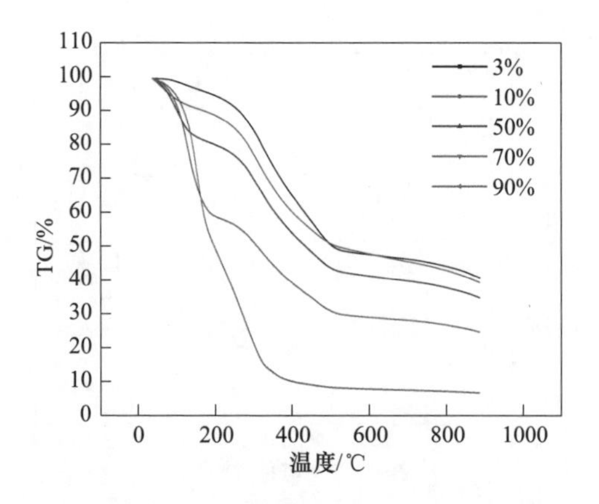

图 6-6 不同含水率碱性污泥干化特性曲线

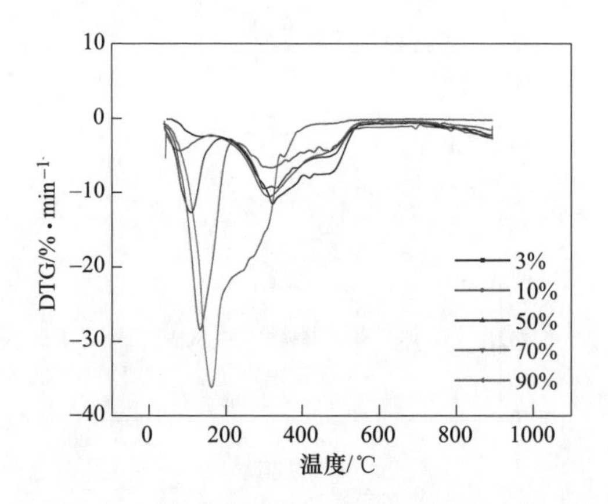

图 6-7 不同含水率碱性污泥干化 DTG 曲线

总体来说，污泥在 N_2 气氛下失重过程分为两个阶段：第一阶段为水分析出阶段，也就是水分蒸发阶段；第二阶段为挥发分析出阶段。两个阶段都不涉及挥发分及固定碳的燃烧。不同含水率污泥，水分析出的终温不同。含水率高的污泥，失重大，失重速率变化也大。

不同升温速率下的氮气气氛中工业污泥燃烧的 TG/DTG 曲线如图 6-8～图 6-13 所示。在不同升温速率下，污泥的热解过程失重规律基本保持一致。升温速率越大，失重峰越明显，最大失重速率增大，对应的温度也升高，峰形更尖锐，峰面积大，这是因为升温快的样品单位时间内吸热多，说明加大升温速率有利于干化的进行。

6.1.2 污泥焙烧试验

以转炉 OG 污泥、含铬污泥和碱性污泥为对象，进行了多次不同温度下的焙

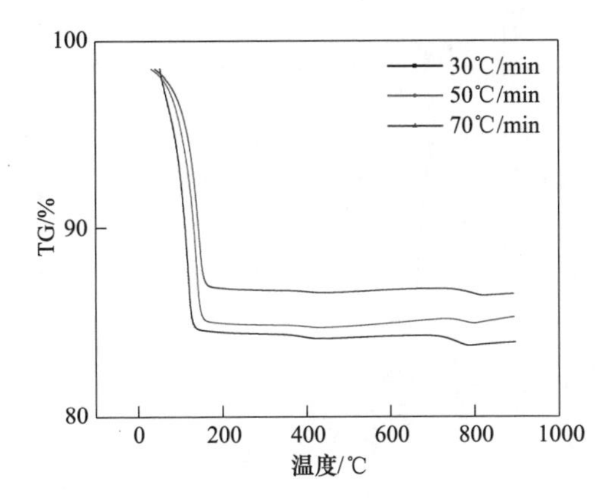

图 6-8 不同升温速率 OG 污泥 TG 曲线（含水率 35%）

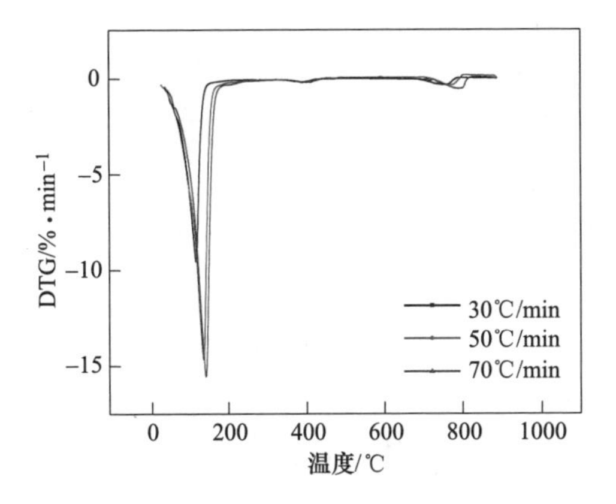

图 6-9 不同升温速率 OG 污泥 DTG 曲线（含水率 35%）

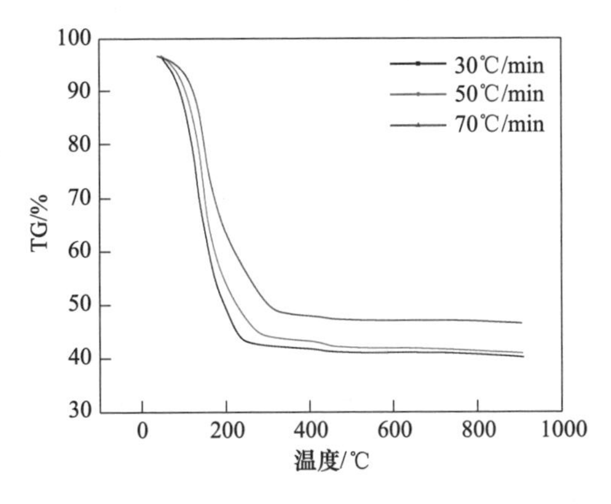

图 6-10 不同升温速率含铬污泥 TG 曲线（现场样）

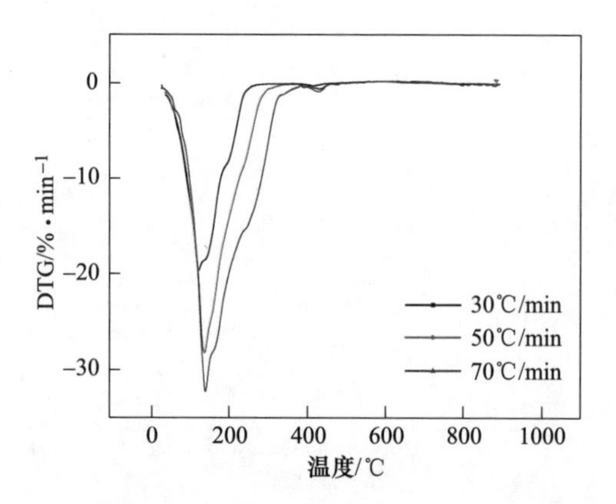

图 6-11　不同升温速率含铬污泥 DTG 曲线（现场样）

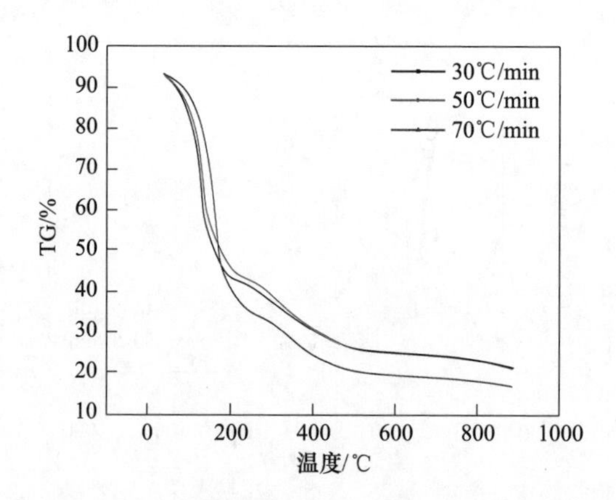

图 6-12　不同升温速率碱性污泥 TG 曲线（含水率 80%）

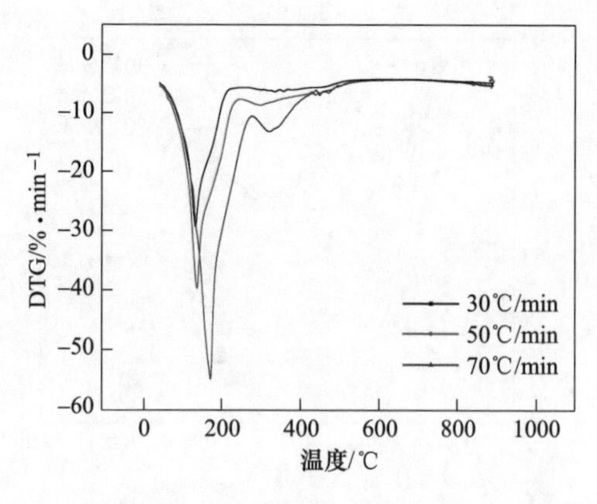

图 6-13　不同升温速率碱性污泥 DTG 曲线（含水率 80%）

烧试验，完成了污泥焙烧产物的物相、形貌及能谱分析。

污泥干化特性研究整个焙烧装置分为三个部分：进气系统、管式炉干化系统和气/液收集系统。使用的管式加热炉是单温区管式炉，温度控制通过进行程序编制进行控制，确保实验过程的温度准确性。

焙烧试验过程包括：污泥焙烧产生分解气体、分解气体流经冷凝器进行冷凝、冷凝后对不凝气体和冷凝液体分别进行收集、对收集后的冷凝液进行萃取、分析焙烧后污泥样品。污泥焙烧实验过程管式炉为电加热方式，即在炉膛四周缠绕电阻丝加热，炉膛保温材料为石膏。升温加热时，试验样品在设定温度下停留 60min，确保样品能够完全干化。试验过程中，冷凝液收集采用冰水冷浴方式。

6.1.2.1 污泥焙烧后物相分析

定型鉴定或者定量测定所研究物系的物相组成，称为物相分析，本书使用的设备为多功能 X 射线衍射仪。物相分析的主要对象是固体或者多种晶体的集合体。一种结构的晶体即为一种物相，固体样品的物相鉴定主要是晶体结构的鉴定。每种物质对射线产生的衍射图谱取决于该物质的结构。X 射线衍射分析法鉴定物相的主要依据是衍射图的一套特征量—衍射面的面间距 d 值和相应的每一衍射线的强度 I。

物相分析不同于元素分析，元素分析的方法解决的是组成样品的元素种类及其含量，一般不涉及元素间的结合状况及其聚集状态。X 射线衍射物相分析依据衍射图进行物质鉴别，实质是依据物质的晶体结构来进行物质的鉴别，在识别物相晶体结构的同时获知其元素组成。本书分别对 OG 污泥、含铬污泥和碱性污泥进行了分析，分析结果如下。

A OG 污泥的物相分析

在管式加热炉中焙烧 OG 污泥，干化终温根据污泥热重曲线确定，本书实验过程升温条件及保温条件如表 6-5 所示。

表 6-5 OG 污泥焙烧次数

焙烧次数	焙烧条件	
	升温条件	保温条件
1	室温～200℃/20min	200℃/60min
2	室温～450℃/20min	450℃/60min
3	室温～700℃/30min	700℃/60min

对 OG 污泥的现场样品和焙烧样品进行 XRD 分析得到物相组成，OG 污泥的现场样、200℃、450℃、700℃的 XRD 图谱如图 6-14~图 6-17 所示。

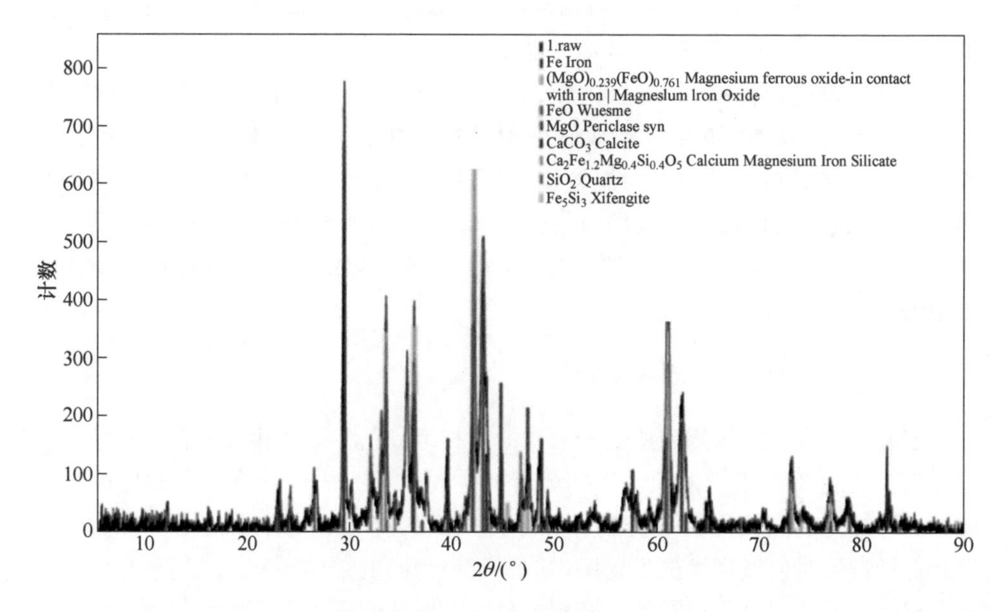

图 6-14　OG 污泥现场样 XRD 图

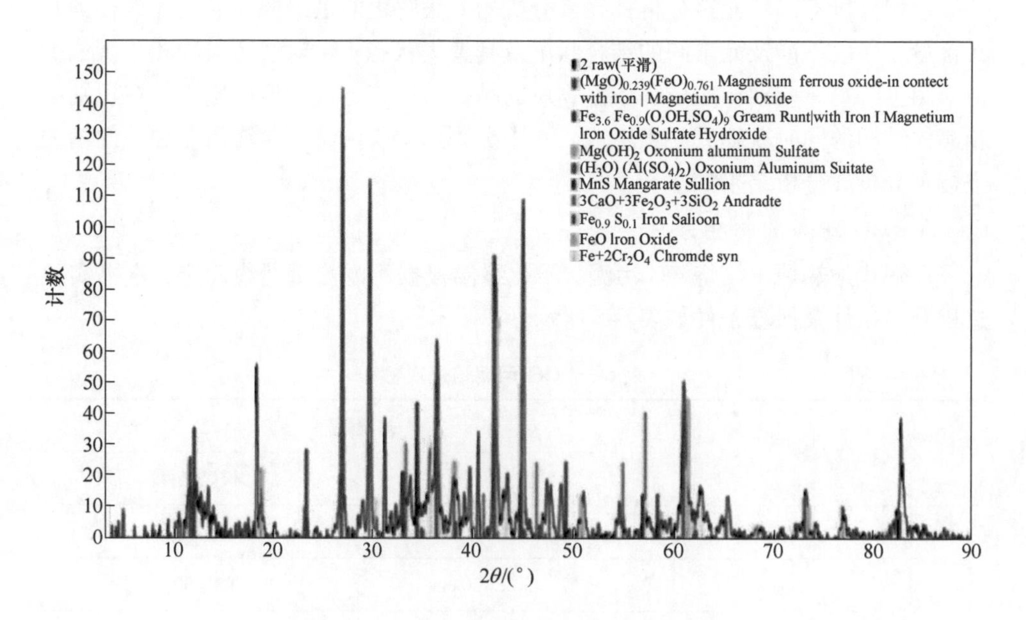

图 6-15　OG 污泥焙烧样 XRD 图—200℃

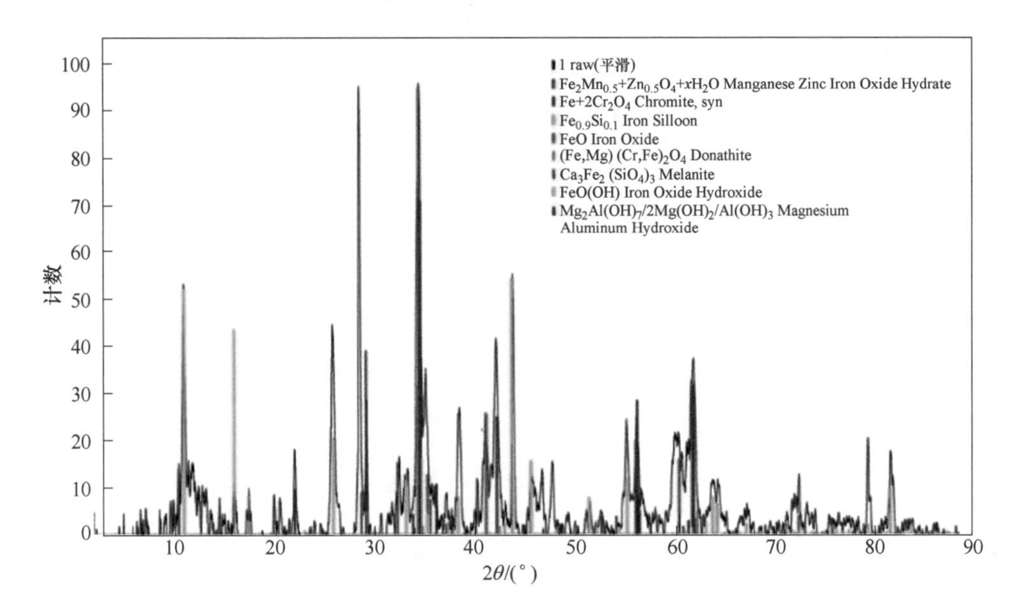

图 6-16 OG 污泥焙烧样 XRD 图—450℃

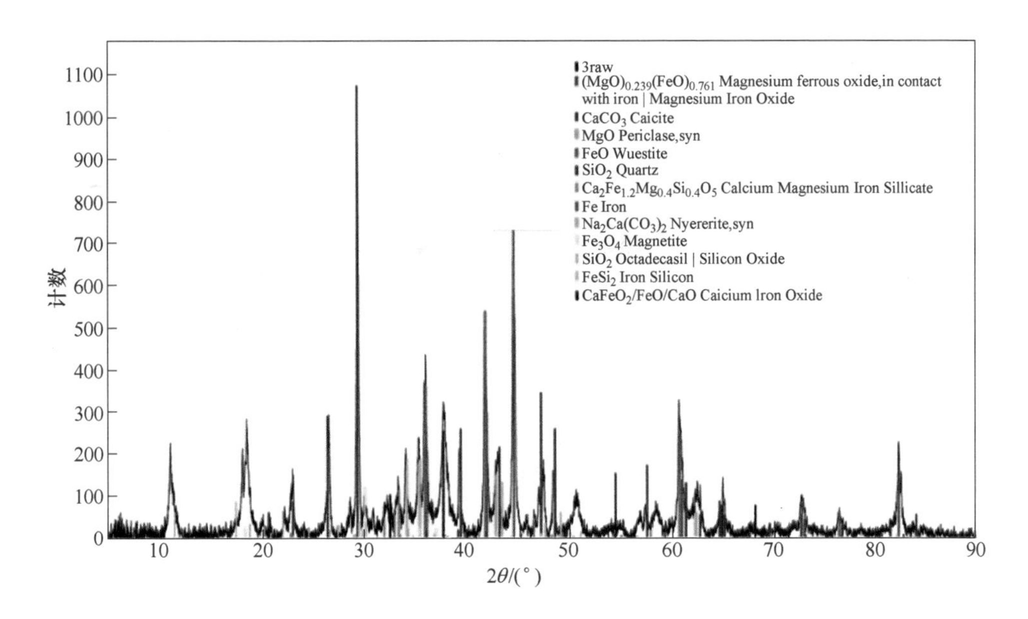

图 6-17 OG 污泥焙烧样 XRD 图—700℃

经分析可以得到 OG 污泥的现场样、200℃、450℃、700℃焙烧后样品的物相含量，具体数据如表 6-6~表 6-9 所示。

表 6-6 OG 污泥现场样物相含量表

化学式	含量
Fe	0.01316255
$(MgO)_{0.239}(FeO)_{0.761}$	0.07755577
FeO	0.03927776
MgO	0.2685042
$CaCO_3$	0.4253735
$Ca_2Fe_{1.2}Mg_{0.4}Si_{0.4}O_5$	0.1583194
SiO_2	0.01361536
Fe_5Si_3	0.004191508

表 6-7 OG 污泥焙烧样物相含量表—200℃

化学式	含量
$(MgO)_{0.239}(FeO)_{0.761}$	0.085377
$Fe_{3.6}Fe_{0.9}(O, OH, SO_4)_9$	0.149837
$Mg(OH)_2$	0.064827
$(H_3O)(Al(SO_4)_2)$	0.047845
MnS	0.028226
$3CaO+3Fe_2O_3+3SiO_2$	0.171812
$Fe_{0.9}Si_{0.1}$	0.020482
FeO	0.300705
$Fe+2Cr_2O_4$	0.13089

表 6-8 OG 污泥焙烧样物相含量表—450℃

化学式	含量
$Fe_2Mn_{0.5}+Zn_{0.5}O_4+xH_2O$	0.376687
$Fe+2Cr_2O_4$	0.280848
$Fe_{0.9}Si_{0.1}$	0.021008
FeO	0.100795
$(Fe, Mg)(Cr, Fe)_2O_4$	0.064027
$Ca_3Fe_2(SiO_4)_3$	0.027903
$FeO(OH)$	0.074093
$Mg_2Al(OH)_7/2Mg(OH)_2/Al(OH)_3$	0.05464

表 6-9　OG 污泥焙烧样物相含量表—700℃

化　学　式	含　　量
$(MgO)_{0.239}(FeO)_{0.761}$	0. 02874151
$CaCO_3$	0. 4706232
MgO	0. 06539731
FeO	0. 04721919
SiO_2	0. 04115822
$Ca_2Fe_{1.2}Mg_{0.4}Si_{0.4}O_5$	0. 0355274
Fe	0. 03286485
$Na_2Ca(CO_3)_2$	0. 0811421
Fe_3O_4	0. 04901941
SiO_2	0. 02780138
$FeSi_2$	0. 009402637
$CaFeO_2$/FeO/CaO	0. 1111029

由图表可知，OG 污泥含钙物相主要为石灰石 $CaCO_3$、碱性氧化物 MgO，在经过高温焙烧后，FeO 得到物质生产部分磁铁矿 Fe_3O_4。OG 污泥 200℃、450℃样品为同一工段采样。主要包括尖晶石矿物 $(MgO)_{0.239}(FeO)_{0.761}$、$Ca_2Fe_{1.2}Mg_{0.4}Si_{0.4}O_5$，样品中还有占比比较大的 $Fe_2Cr_2O_4$。

B　含铬污泥

在管式加热炉中焙烧含铬污泥，干化终温根据污泥热重曲线确定，本书实验过程升温条件及保温条件如表 6-10 所示。

表 6-10　含铬污泥焙烧次数

焙烧序号	焙　烧　条　件	
	升温条件	保温条件
1	室温～200℃/10min	200℃/60min
2	室温～450℃/20min	450℃/60min
3	室温～700℃/30min	700℃/60min

对含铬污泥的现场样品和焙烧样品进行 XRD 分析得到物相组成，含铬污泥的现场样、200℃、450℃、700℃的 XRD 图谱如图 6-18～图 6-21 所示。

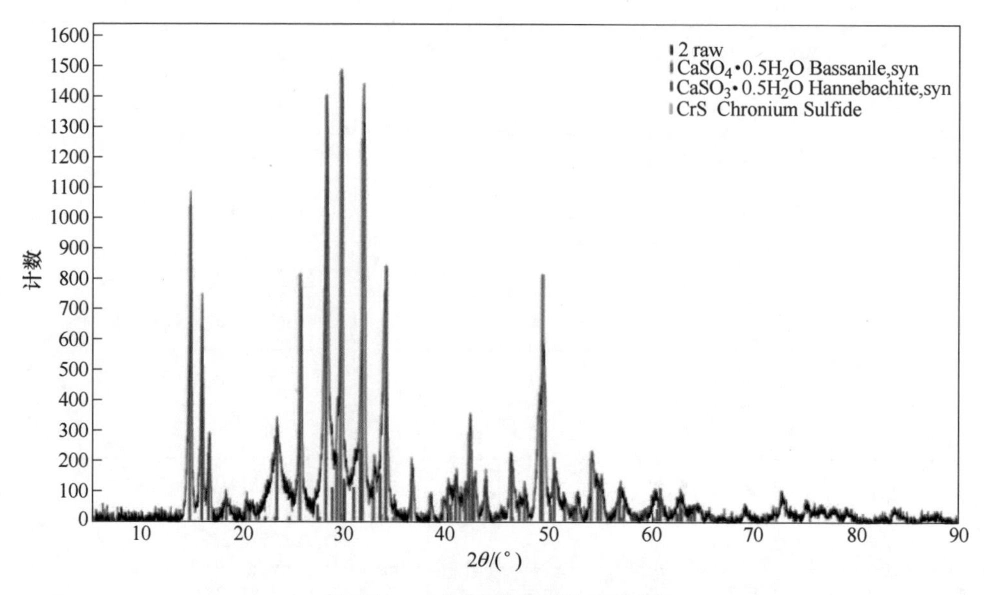

图 6-18　含铬污泥现场样 XRD 图

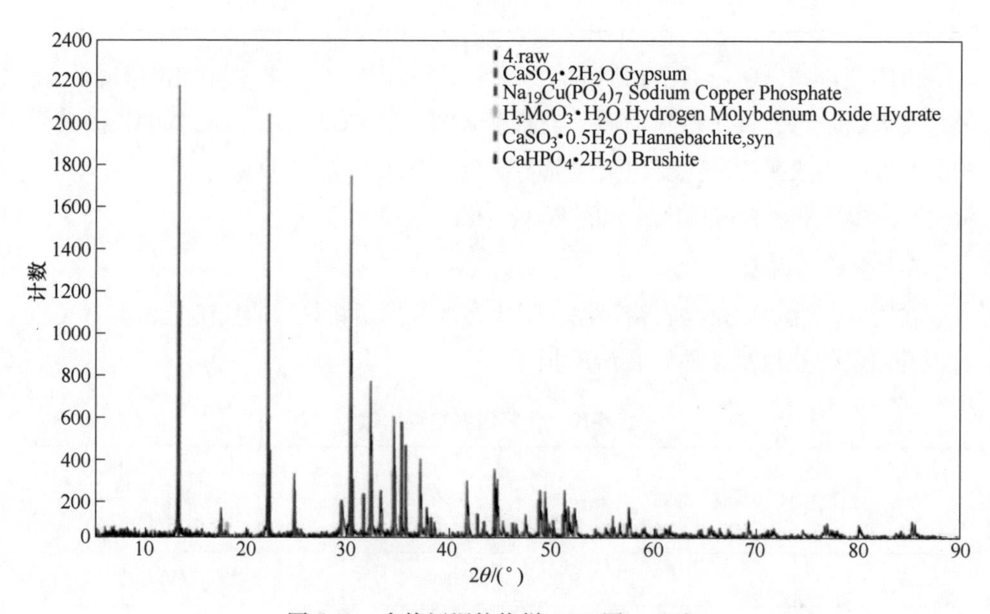

图 6-19　含铬污泥焙烧样 XRD 图—200℃

经分析可以得到含铬污泥的现场样、200℃、450℃、700℃焙烧后样品的物相含量，具体数据如表 6-11～表 6-14 所示。

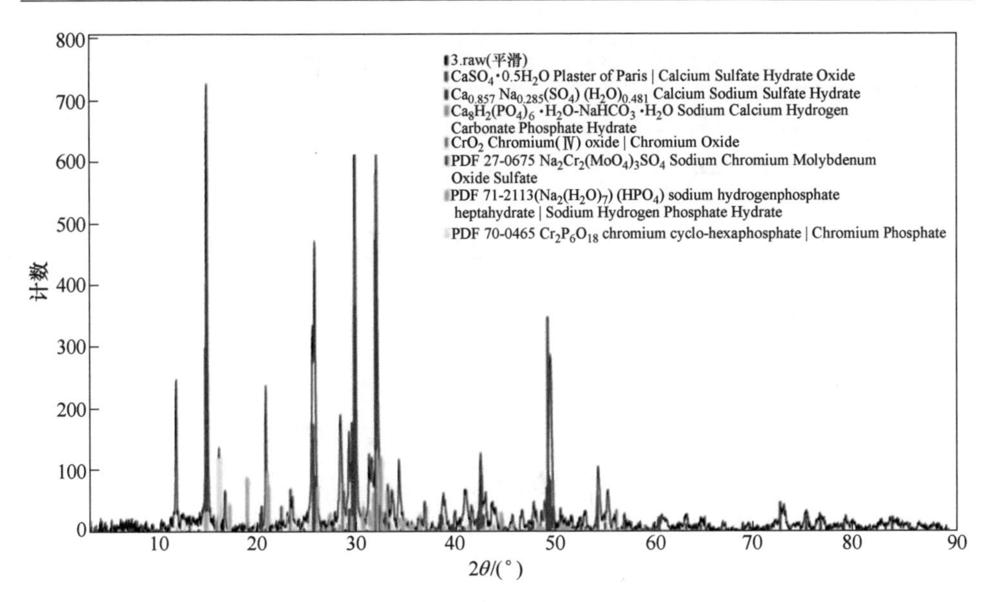

图 6-20 含铬污泥焙烧样 XRD 图—450℃

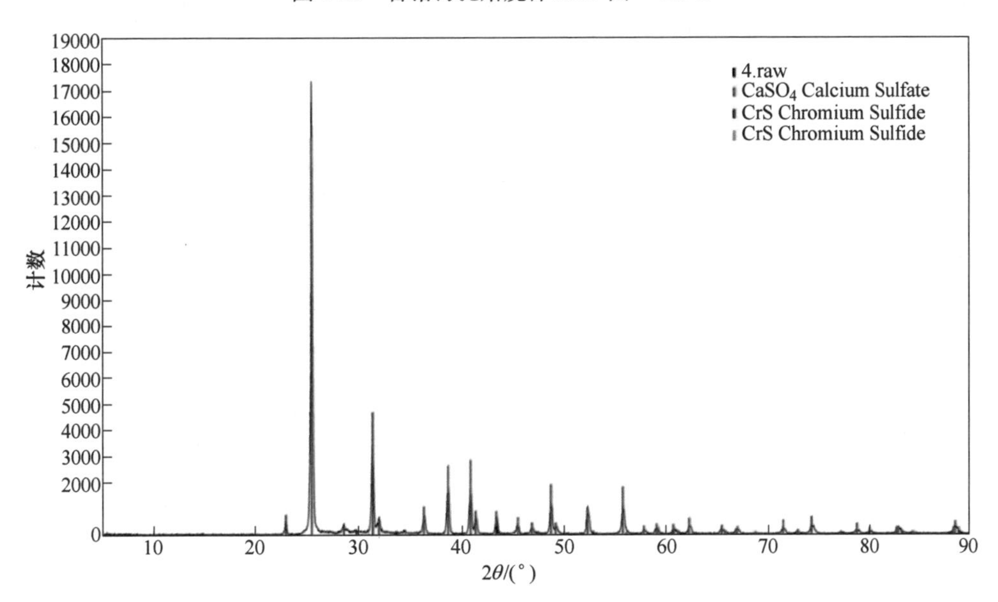

图 6-21 含铬污泥焙烧样 XRD 图—700℃

表 6-11 含铬污泥现场样物相含量表

化学式	含量
$CaSO_4 \cdot 0.5H_2O$	0.5116167
$CaSO_3 \cdot 0.5H_2O$	0.4843147
CrS	0.004068533

表 6-12　含铬污泥焙烧样物相含量表—200℃

化 学 式	含　量
$CaSO_4 \cdot 0.5H_2O$	0.371244
$Ca_{0.857}Na_{0.285}(SO_4)(H_2O)_{0.481}$	0.309504
$Ca_8H_2(PO_4)_6 \cdot H_2O\text{-}NaHCO_3\text{-}H_2O$	0.084598
CrO_2	0.012384
$Na_2Cr_2(MoO_4)_3SO_4$	0.044109
$(Na_2(H_2O)_7)(HPO_4)$	0.131723
$Cr_2P_6O_{18}$	0.046438

表 6-13　含铬污泥焙烧样物相含量表—450℃

化 学 式	含　量
$CaSO_4 \cdot 2H_2O$	0.848171
$Na_{19}Cu(PO_4)_7$	0.025427
$H_xMoO_3 \cdot H_2O$	0.02131
$CaSO_3 \cdot 0.5H_2O$	0.068199
$CaHPO_4 \cdot 2H_2O$	0.036892

表 6-14　含铬污泥焙烧样物相含量表—700℃

化 学 式	含　量
$CaSO_4$	0.9804927
CrS	0.01274082

含铬污泥的现场样品和焙烧样品表明，焙烧过程是一个脱除结晶水的过程，同时 $CaSO_3$ 在焙烧过程中也变成 $CaSO_4$。硫酸钙 $CaSO_4$，分子量 136.14，白色固体，熔点 1450℃，硫酸钙为离子型晶体，晶格结点上的粒子为 Ca 和 SO_4，粒子间的作用力为离子键，而 SO_4 原子内部 S 和 O 之间则以共价键相连接。

磷石膏通常以固体粉末状存在，外观呈灰色或暗黑色，颗粒分布较为集中，主要化学成分为二水硫酸钙（$CaSO_4 \cdot 2H_2O$），属单斜晶系，结晶形貌为板片状或者块状。磷石膏中含有磷、氟、铁、硅等有害杂质。半水硫酸钙（$CaSO_4 \cdot 0.5H_2O$）不容易脱去结晶水，且具有优良的力学性能、较高的抗化学腐蚀性，无毒性。

C　碱性污泥

在管式加热炉中焙烧碱性污泥，干化终温根据污泥热重曲线确定，本书实验过程升温条件及保温条件如表 6-15 所示。

表 6-15 碱性污泥焙烧次数

焙烧序号	焙烧条件	
	升温条件	保温条件
1	室温~350℃/30min	350℃/60min
2	室温~500℃/30min	450℃/60min
3	室温~700℃/30min	700℃/60min

对碱性污泥的现场样品和焙烧样品进行 XRD 分析得到物相组成，碱性污泥的现场样、350℃、500℃、700℃的 XRD 图谱如图 6-22~图 6-25 所示。

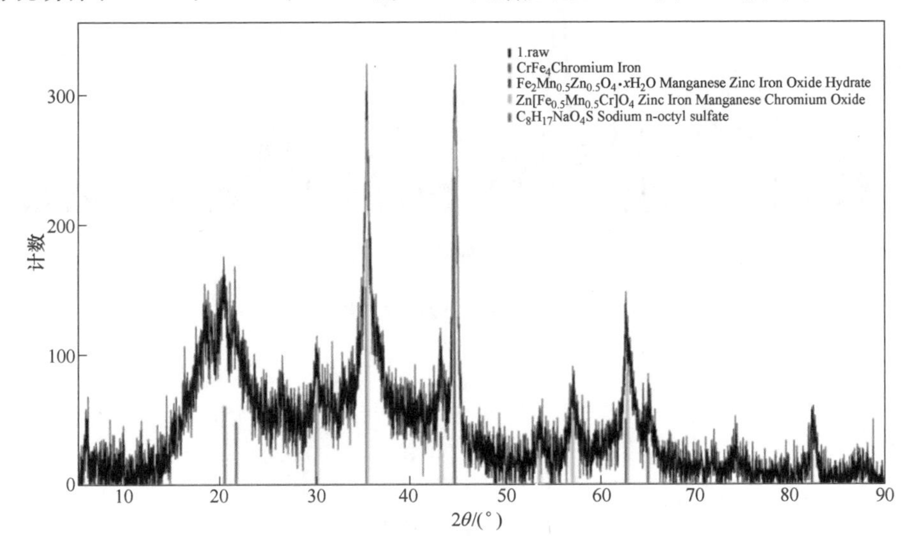

图 6-22 碱性污泥现场样 XRD 图

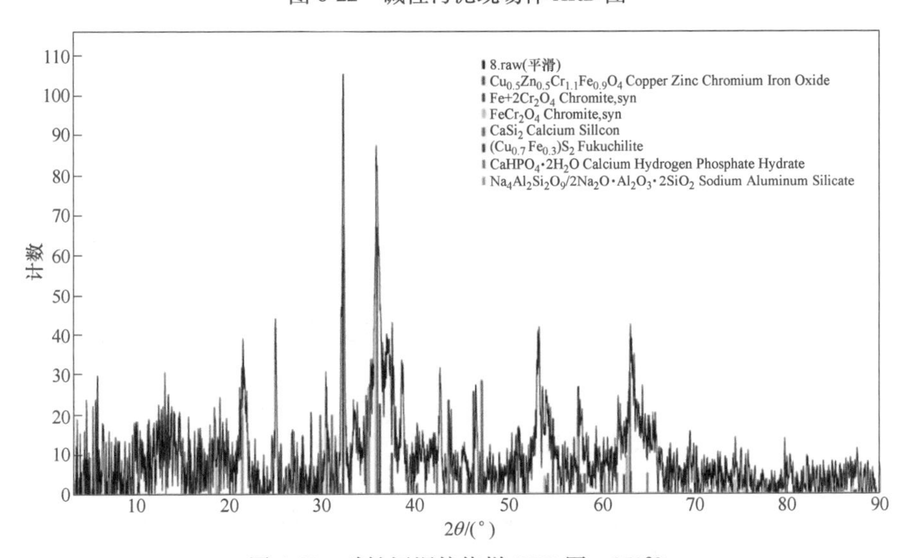

图 6-23 碱性污泥焙烧样 XRD 图—350℃

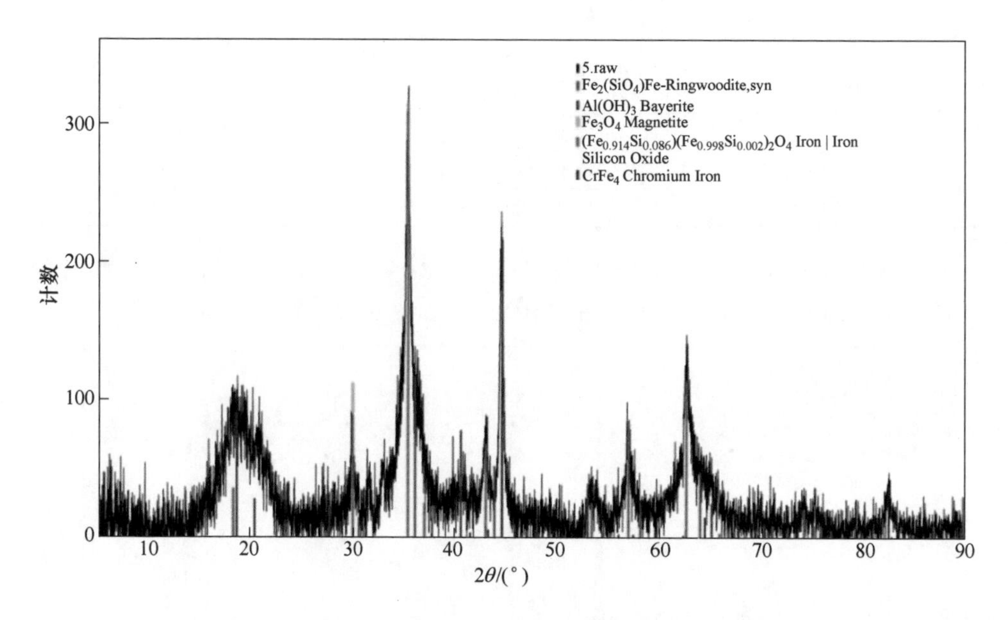

图 6-24　碱性污泥焙烧样 XRD 图—500℃

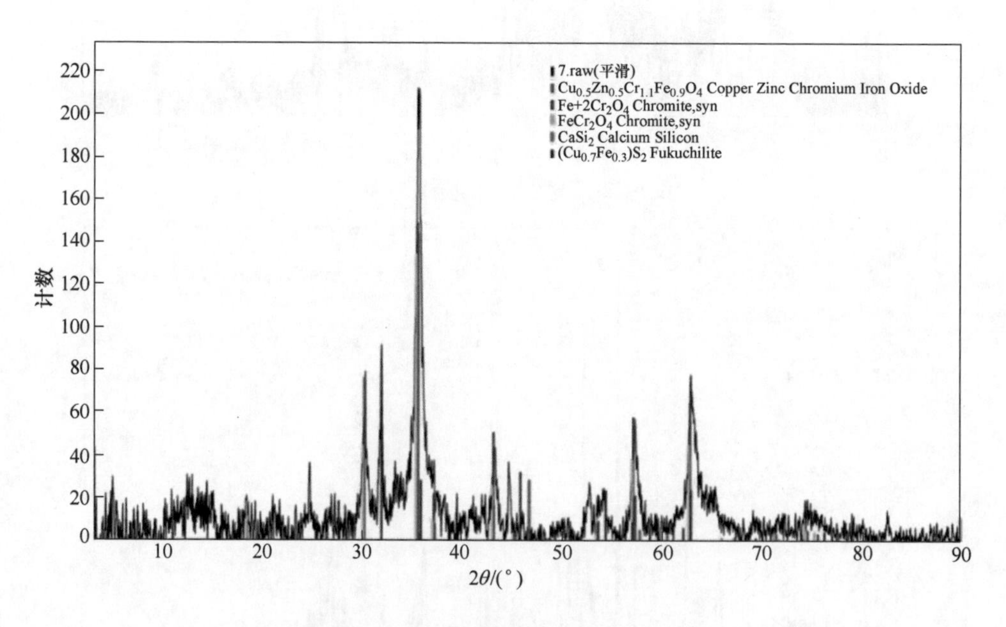

图 6-25　碱性污泥焙烧样 XRD 图—700℃

经分析可以得到碱性污泥的现场样、350℃、500℃、700℃焙烧后样品的物相含量，具体数据如表 6-16～表 6-19 所示。

表 6-16 碱性污泥现场样物相含量表

化 学 式	含 量
$CrFe_4$	0.04053045
$Fe_2Mn_{0.5}Zn_{0.5}O_4 \cdot xH_2O$	0.2739736
$Zn[Fe_{0.5}Mn_{0.5}Cr]O_4$	0.3004317
$C_8H_{17}NaO_4S$	0.3850642

表 6-17 碱性污泥焙烧样物相含量表—350℃

化 学 式	含 量
$Cu_{0.5}Zn_{0.5}Cr_{1.1}Fe_{0.9}O_4$	0.133208
$Fe+2Cr_2O_4$	0.271973
$FeCr_2O_4$	0.042794
$CaSi_2$	0.273885
$(Cu_{0.7}Fe_{0.3})S_2$	0.070691
$CaHPO_4 \cdot 2H_2O$	0.099797
$Na_4Al_2Si_2O_9/2Na_2O \cdot Al_2O_3 \cdot 2SiO_2$	0.107651

表 6-18 碱性污泥焙烧样物相含量表—500℃

化 学 式	含 量
$Fe_2(SiO_4)$	0.105525
$Al(OH)_3$	0.20728
Fe_3O_4	0.381209
$(Fe_{0.914}Si_{0.086})(Fe_{0.998}Si_{0.002})_2O_4$	0.23251
$CrFe_4$	0.073476

表 6-19 碱性污泥焙烧样物相含量表—700℃

化 学 式	含 量
$Cu_{0.5}Zn_{0.5}Cr_{1.1}Fe_{0.9}O_4$	0.362695
$Fe+2Cr_2O_4$	0.351045
$FeCr_2O_4$	0.06971
$CaSi_2$	0.163764
$(Cu_{0.7}Fe_{0.3})S_2$	0.052786

碱性污泥现场样的分析样品为取回污泥经过 105℃ 干燥 2h，并磨成粉末的样品。现场样分析样品中含有大量的 $C_8H_{17}SO_4Na$，异辛醇硫酸酯。中性条件下无

表面活性，在浓碱溶液中具有极强的渗透力。该表面活性剂不含磷，具有溶解度高、耐硬水、耐高温、乳化分散性好等特点。碱性污泥焙烧样分析中，不存在该类物质，主要以金属类化合物为主。

6.1.2.2 形貌特征与能谱分析

污泥的形貌特征与能谱主要通过能谱仪和电镜进行分析。能谱仪与电镜之间具有相互通信和参数的控制功能，能谱仪可自动读取镜筒和测角台的有关位置和电参数。通过采集由试样发出的特征 X 射线所形成的谱峰，从其峰位的能量可以确定试样的组成元素属于定性分析；由各谱峰的净强度可以计算出各元素的具体含量属于定量分析。定性分析所需的数据来自电子束所激发的区域或者点上所采集的谱线，定性分析结果最常见的三种表示方法为特征峰的谱图。对于 X 射线显微分析来说，原子序数小于 11 的元素称为超轻元素，主要包括 H、He、Li、Be、B、C、N、O、F。由于这些元素的固有特点，无论用波谱仪还是能谱仪进行分析，都面临着定量分析准确度问题。因为超轻元素的特征 X 射线能量低，在采集谱图时，为了减小基体的吸收，通常会使用较低的加速电压，这样就有可能造成计数偏低，使所采集到的谱峰总计数偏少，峰的高度变矮，峰的形状变得不规则等。例如：当试样中的 Be、B 和 C 含量低于 2%用能谱很难探测到时，低含量的碳用能谱分析往往会明显偏高，有时会超过十或者几十倍，这是真空系统中残余油蒸汽的污染造成的。

为了更好地了解污泥干化过程，对不同终温干燥条件下得到的固态渣灰渣和污泥试样进行了扫描电镜和能谱分析（SEM-EDS），所使用的仪器是德国 zeiss 公司生产。

通过对现场样污泥及不同焙烧温度后的污泥进行 SEM 和 EDS 分析得到了不同处理条件下污泥的表面形貌。

A OG 污泥

对 OG 污泥的现场样品、焙烧样品进行 SEM 和 EDS 分析，具体结果如图 6-26～图 6-33 所示。

通过上述不同处理过程污泥在扫描电镜的 SEM 图以及相应的能谱分析 EDS 图可以看出不同干化温度下固态渣的微观形态以及物相中元素的变化。OG 污泥现场样分析，污泥微观上是尺寸大小不一的不规则颗粒，现场样颗粒表面比较平滑，有很多粘连，推测是污泥中结合水太多。烧结后的固态灰渣呈现不规则颗粒，颗粒表面由粘连向多空隙转变。随着温度升高，粘连物质减少，颗粒上出现更多气孔和洞穴，孔隙率变大，这可能是水分和挥发分析出造成的。

图 6-26 OG 污泥现场样 SEM 图

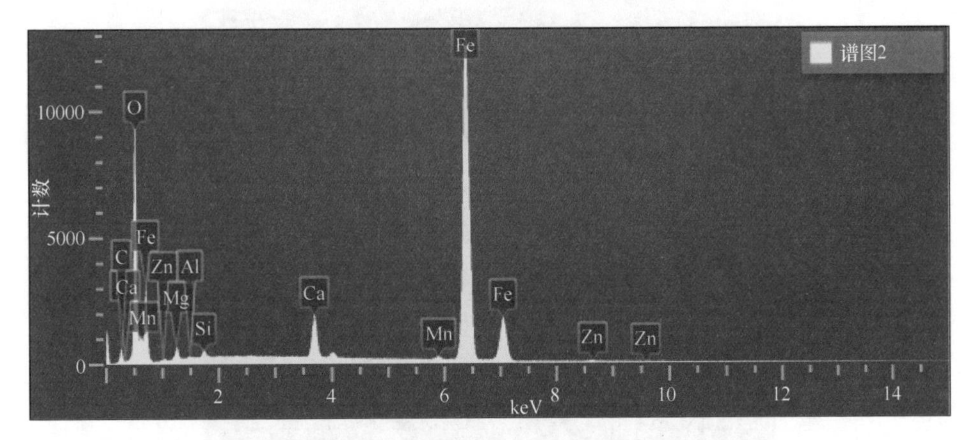

图 6-27 OG 污泥现场样 EDS 分析

图 6-28 OG 污泥焙烧样 SEM 图—200℃

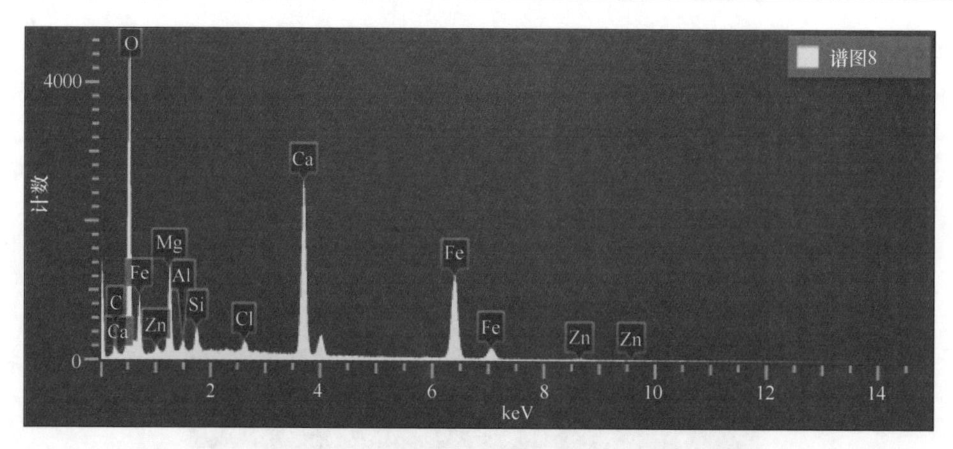

图 6-29　OG 污泥焙烧样 EDS 分析—200℃

图 6-30　OG 污泥焙烧样 SEM 图—450℃

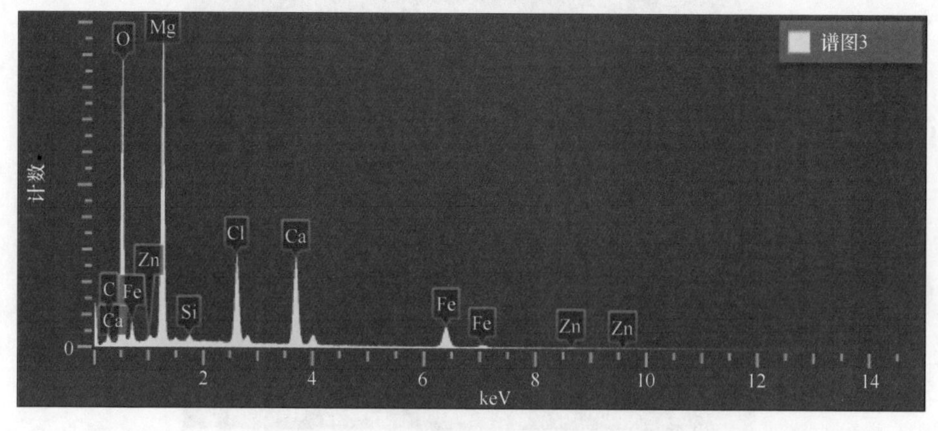

图 6-31　OG 污泥焙烧样 EDS 分析—450℃

图 6-32 OG 污泥焙烧样 SEM 图—700℃

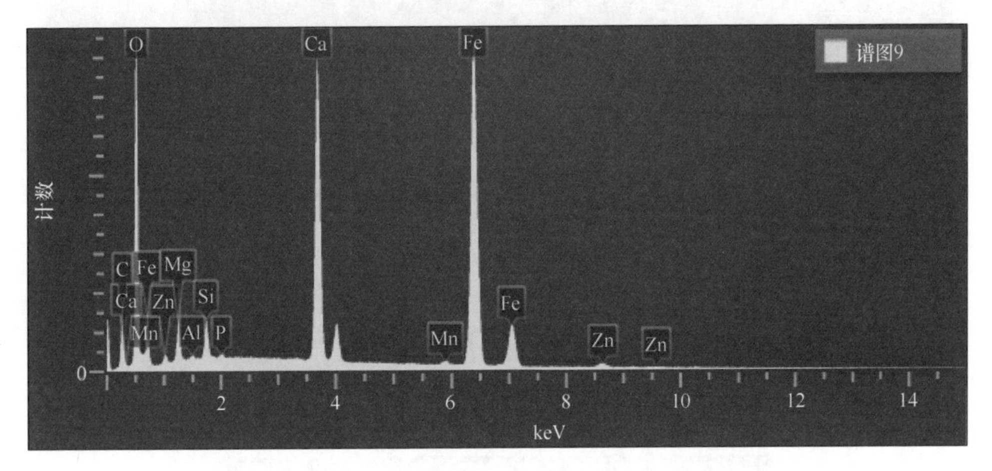

图 6-33 OG 污泥焙烧样 EDS 分析—700℃

B 含铬污泥

对含铬污泥的现场样品、焙烧样品进行 SEM 和 EDS 分析，具体结果如图 6-34~图 6-41 所示。

从 SEM 图表明，含铬污泥在焙烧后，出现了片状结构，流动性较好。从能谱分析 EDS 可知，含铬污泥现场样与焙烧样中，两种金属元素 Ca、Cr 的含量远大于其余金属元素的含量。

C 碱性污泥

对碱性污泥的现场样品和焙烧样品进行 SEM 和 EDS 分析，具体结果如图 6-42~图 6-49 所示。

图 6-34 含铬污泥现场样 SEM 图

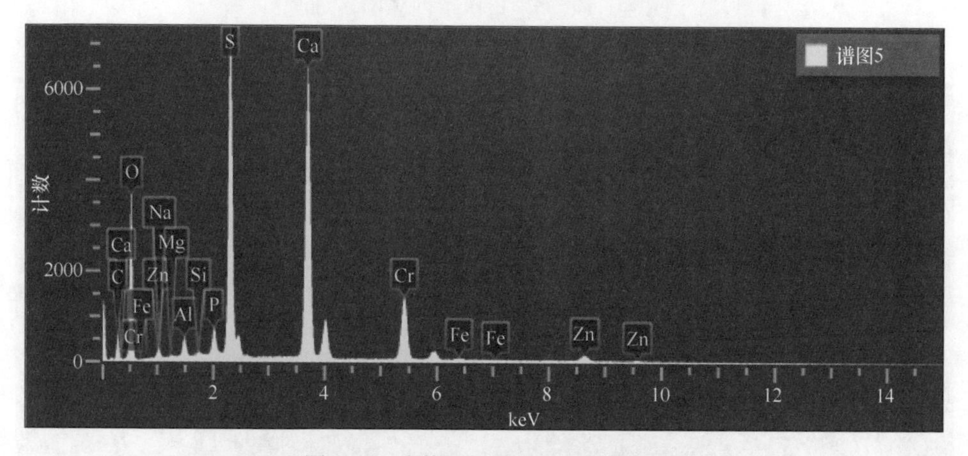

图 6-35 含铬污泥现场样 EDS 分析

图 6-36 含铬污泥焙烧样 SEM 图—200℃

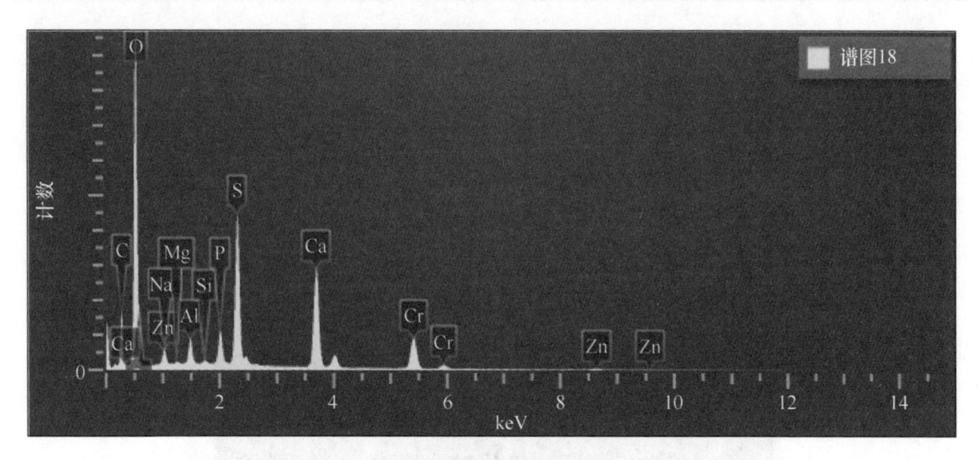

图 6-37 含铬污泥现场样 EDS 分析—200℃

图 6-38 含铬污泥焙烧样 SEM 图—450℃

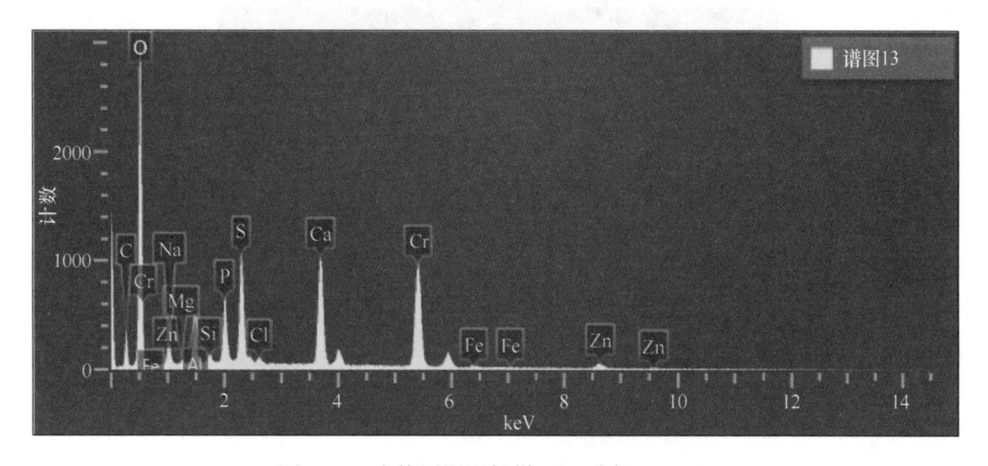

图 6-39 含铬污泥现场样 EDS 分析—450℃

图 6-40　含铬污泥焙烧样 SEM 图—700℃

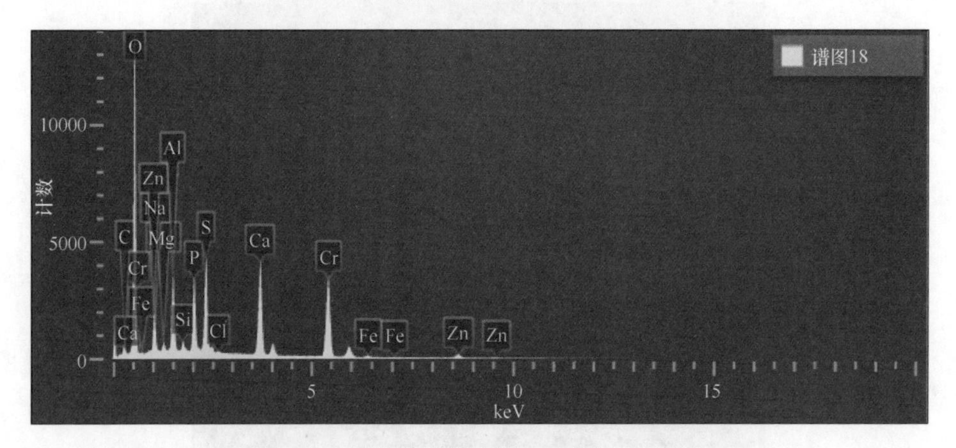

图 6-41　含铬污泥焙烧样 EDS 分析—700℃

图 6-42　碱性污泥现场样 SEM 图

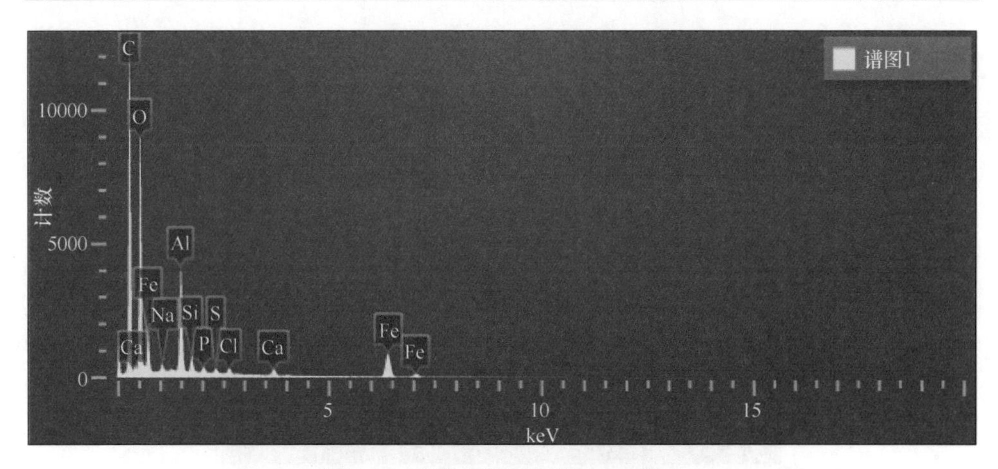

图 6-43 碱性污泥现场样 EDS 分析

图 6-44 碱性污泥焙烧样 SEM 图—350℃

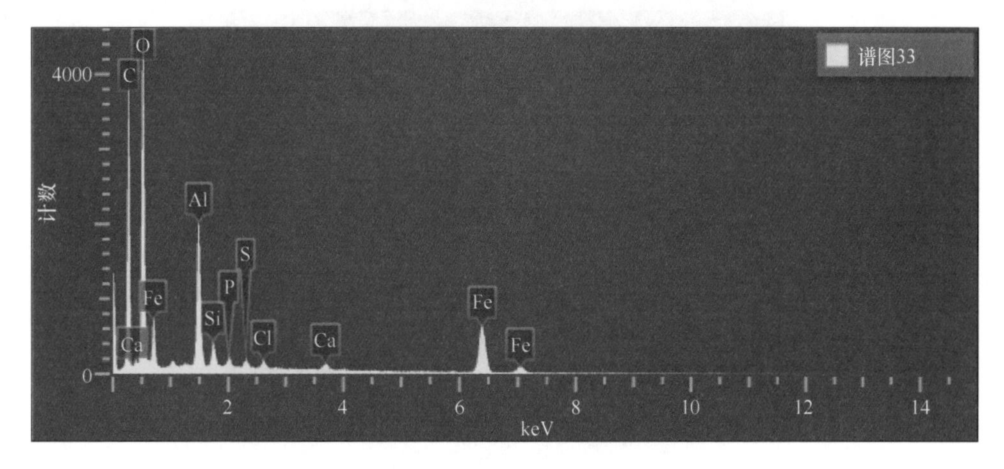

图 6-45 碱性污泥焙烧样 EDS 分析—350℃

图 6-46　碱性污泥焙烧样 SEM 图—500℃

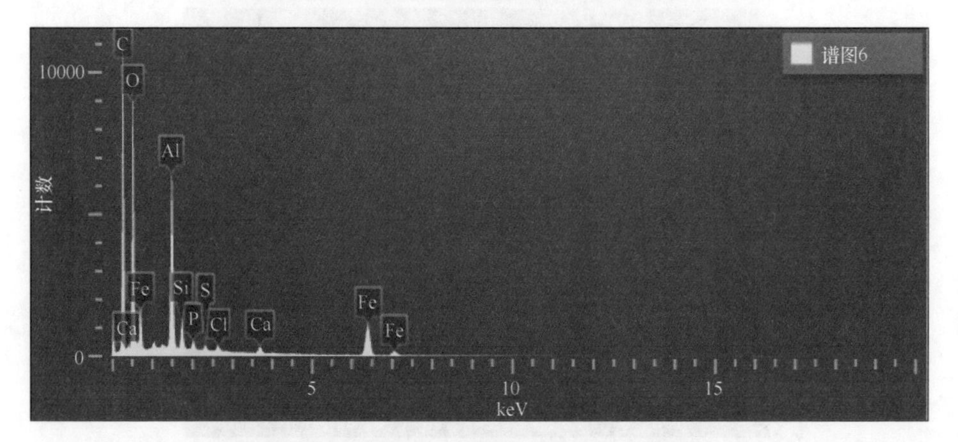

图 6-47　碱性污泥焙烧样 EDS 分析—500℃

图 6-48　碱性污泥焙烧样 SEM 图—700℃

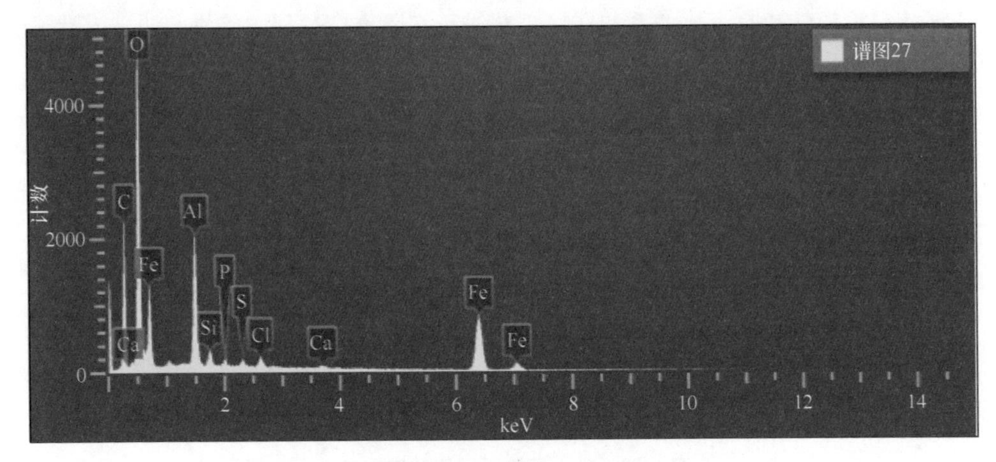

图 6-49 碱性污泥焙烧样 EDS 分析—700℃

碱性污泥现场样与焙烧样的 SEM 表面形貌基本不发生变化，EDS 元素分析也基本一致。焙烧过程，主要是脱除结晶水及有机质的过程。因为碱性污泥含水量很高，同时含碳量也很高，在 700℃高温下较易碳化。

6.1.3 试验方案及结果分析

在理论模拟、理化性能分析及实验室实验的基础上，为验证滚筒耦合处理污泥与渣的可行性，在宝钢研究院热态渣实验平台完成了此次试验。本次试验所选用渣为高炉渣，主要是考虑高炉渣熔化速度较快，流动性较好，试验后期由于高炉渣消耗量较大，最后一炉掺杂 3 袋脱硫渣（大约 90kg）。滚筒干化污泥实验主要是考察污泥干化效果，影响因素中熔渣温度和熔渣量的影响较大，而渣种类的影响可忽略。试验所选用的污泥为无机污泥，试验过程对处理前后污泥和渣的温度、污泥和渣的颗粒度、污泥含水率等均做了详细的研究。试验用滚筒处理装置如图 6-50 所示。

图 6-50 试验用滚筒处理装置

污泥与渣经过滚筒的处理后，一种有机污泥含水率由 58%下降到 20%，一种碱性污泥含水率由 60% ~ 80% 下降到 3% ~ 20%。这说明滚筒干化污泥是可行的，并且与传统干化方式相比具有较明显优势。同时试验结果也表明，污泥干化效率，即单位时间处理量和干化后含水率，与入口渣泥比、滚筒转速有直接关系，在该工艺进行实际推广过程中需进行进一步考虑相关因素的影响。

6.2　钢渣与污泥耦合处理工程方案设想

渣处理与污泥干化耦合工程方案对象为宝武集团宝山基地冶金尘泥预处理中心的转炉 OG 泥和 LT 灰预处理线，污泥种类为无机污泥。转炉 OG 泥和 LT 灰，经搅拌混合后的混合料共计 32.8 万吨/年，含水率为 22.4%，进入组合滚筒渣泥耦合处置机组的无机干化滚筒完成污泥烘干。作为供转底炉的原料，转炉 OG 泥和 LT 灰的混合料，干化后含水率需达到 6%以下。如表 6-20 所示，经测算，1 台 300t 转炉所产熔渣，即可实现对 OG 泥+LT 灰的干化。

表 6-20　宝山基地污泥干化工艺参数

转炉炉号	污泥种类	污泥量/万吨·年$^{-1}$	初始含水率/%	目标含水率/%	小时产量/t·h^{-1}	干化效率/%	钢球量/t	渣量/t·h^{-1}
1 号	OG 泥+LT 灰	13.5	22.22	6.00	25	0.75	110.06	21
2 号	OG 泥+LT 灰	19.3	25.91	6.00	30	0.75	155.32	30
1 号+2 号	OG 泥+LT 灰	32.8	26.39	6.00	50	0.75	242.92	50

6.2.1　耦合处理工艺流程

以钢球作为循环蓄热体的环流式钢渣污泥耦合干化的工艺，包括如下步骤。

6.2.1.1　渣球混合均热

将高温熔渣和钢球分别输送至一滚筒装置内，滚筒装置在驱动装置的带动下转动，使其中的高温熔渣和钢球滚动，充分均匀混合、换热，钢球吸收高温熔渣的热量，高温熔渣被钢球逐渐冷却、破碎形成粒径小于 20mm、温度低于 200℃ 的粒状渣，粒状渣和钢球分离，粒状渣经排渣机构排出，吸收热量后的钢球排入高温钢球溜槽。

6.2.1.2　污泥干化

吸收热量后的钢球经高温钢球溜槽输送至污泥干化滚筒装置，与注入的污泥混合，污泥干化滚筒装置在驱动装置的带动下转动，使其中的污泥和钢球滚动，充分均匀混合、换热，吸收热量后的钢球使污泥实现干化，当污泥含水率达到设定值后，钢球和污泥分离，污泥经污泥排放装置排出，降温后的钢球经出口排出；进入返回滚筒。

6.2.1.3 钢球返回

降温后的钢球由滚筒输送、返回至熔渣滚筒装置内，形成一个循环处理过程。

实现上述工艺的装置，包括了实现钢球环流的三段滚筒，形成头尾衔接的三角形布置。其工艺特点如下：

（1）整体工艺快速、稳定、连续。将钢球作为高效冷却介质和蓄热体，不断将熔渣的热量进行回收，并将热量转移到低温污泥中，而且，通过循环传送实现钢球的反复利用，从而可以稳定、连续地处理熔渣和污泥。

（2）熔渣热能利用率高。熔渣温度高，携带热能的品质高，但熔渣类似耐火材料，热导率非常小，放热缓慢，其所携带热能很难通过常规工艺加以回收、利用。因为钢的热导率比较大，可以快速地吸热和放热，所以采用钢球作为传热介质。钢球和熔渣接触、混合过程中，能够快速地吸收熔渣的热量变成高温钢球，当高温钢球与污泥混合时，能将高温钢球自身热量快速地释放出来，传递给污泥，实现污泥的干化。

（3）污泥干化效率高。吸收热量后的钢球和污泥直接接触、反复搅动，换热面积大，干化效率高。

（4）干化污泥的品种多、范围广。利用吸收热量后的钢球干化污泥，钢球作为传热介质，其表面干净，熔渣和污泥不接触，熔渣和污泥之间不会互相污染，因此，污泥的干化不受熔渣的种类和污泥的类别制约，高炉熔渣、转炉熔渣或其他熔渣都能提供热量，无机污泥、有机污泥都能被干化。

6.2.2 耦合处理工程方案

在上述工艺基础上，编制污泥与渣耦合处理工程方案工艺流程如图 6-51 所示，渣处理与污泥干化耦合工程的主要工艺包括熔渣粒化、污泥干化、钢球循环输运等三个方面。钢球循环输运包括钢球溜槽、高温钢球溜槽、低温钢球溜槽。

炼钢转炉所产生的高温熔渣通过现场行车调运渣罐至处理工位，由倾翻装置经熔渣进料溜槽送进熔渣粒化滚筒内，作为熔渣冷却介质的钢球通过钢球溜槽从熔渣进料溜槽的斜上方导入到熔渣进料溜槽内，与熔渣混合，随着熔渣粒化滚筒的转动均匀混合并实现熔渣粒化，达到设定的温度和粒度后通过设置在熔渣粒化滚筒尾部的排渣机构排出筒体，被冷渣收集装置收集并转送到下部的冷渣料仓，供后续资源化处理和利用。钢球继续随熔渣粒化滚筒的转动前行并被端部排出，由高温钢球溜槽进入污泥干化滚筒，作为热源干化污泥。三座滚筒的布置示意图及三个滚筒的工作示意图如图 6-52 所示。

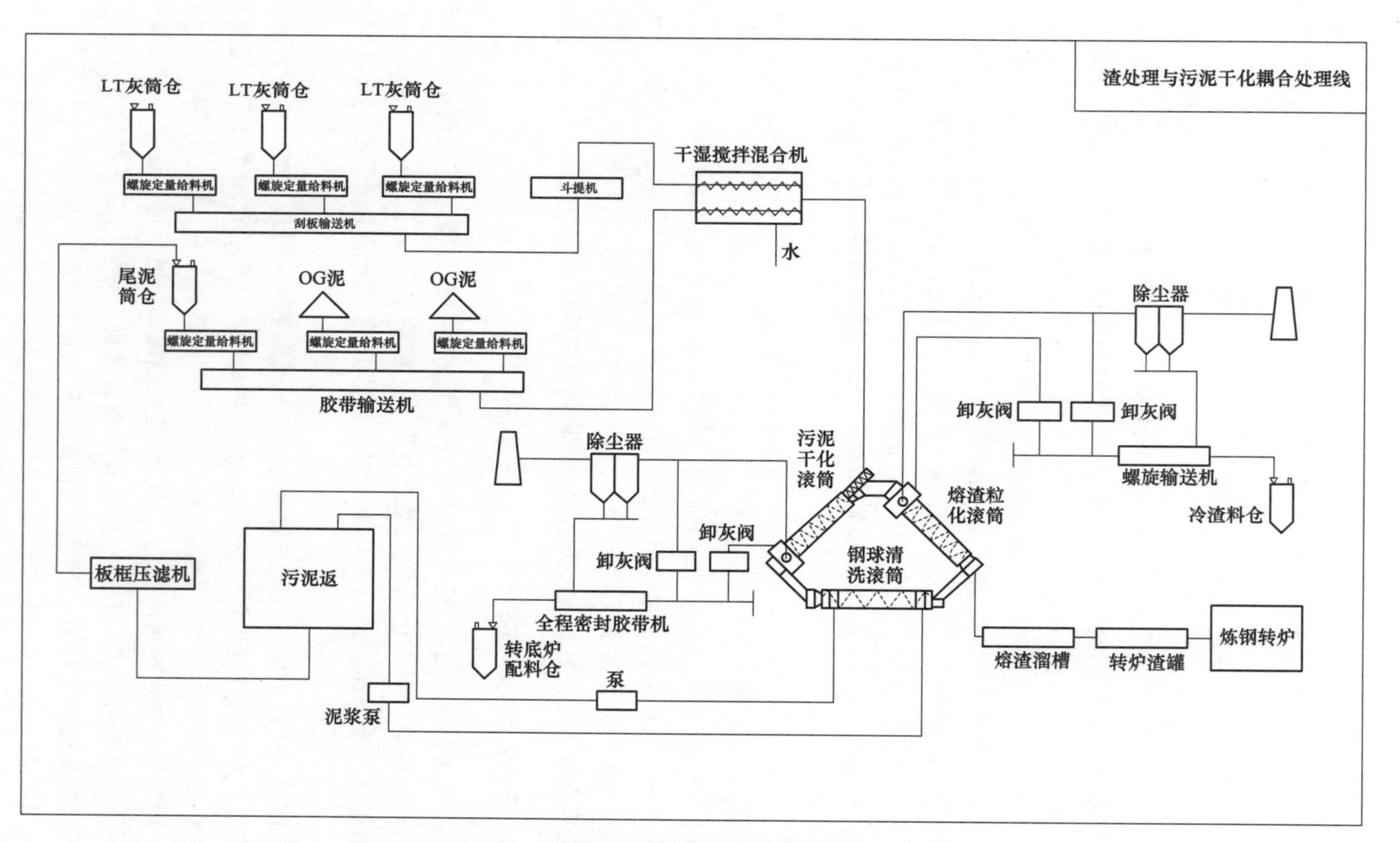

图 6-51　渣处理与污泥干化耦合处理线工艺流程

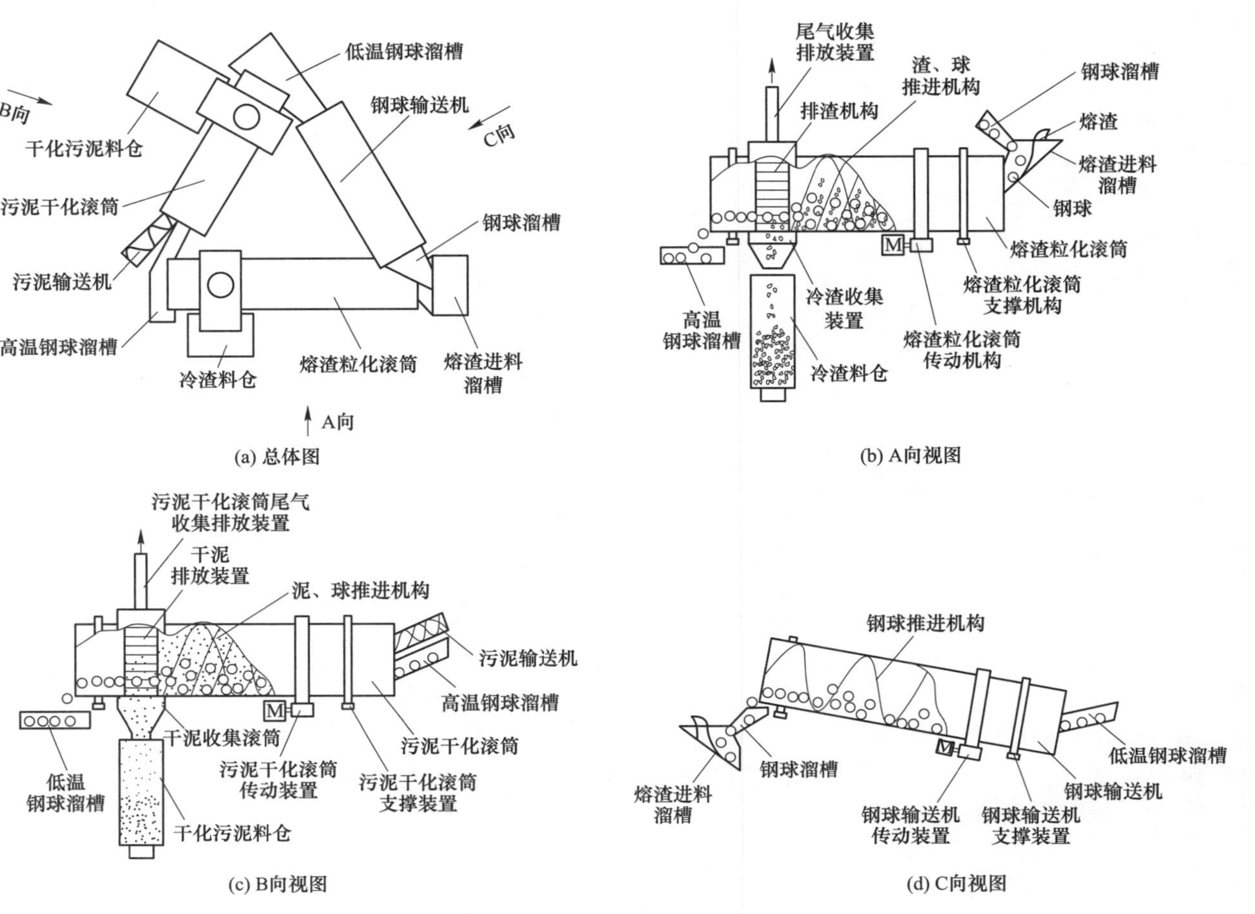

图 6-52 熔渣与污泥耦合处理系统滚筒平面布置图

高温熔渣通过熔渣进料漏斗进入熔渣冷却处理装置内，作为熔渣冷却介质的钢球从熔渣进料漏斗输送到熔渣进料漏斗内，与高温熔渣混合。熔渣冷却处理装置内壁设置渣、球推进机构（如螺旋抄板），钢球和高温熔渣随着熔渣冷却处理装置的转动均匀混合，高温熔渣被钢球逐渐冷却破碎，并将热量传递给钢球，高温熔渣冷却、破碎后形成粒径小于150mm、温度低于400℃的粒状渣，冷却固化的粒状渣在熔渣冷却处理装置的尾部通过排渣机构排出，经冷渣收集装置收集并转运到下方的冷渣料仓，供后续资源化处理和利用。吸收热量后的钢球继续随熔渣冷却处理装置转动前行并被排出到高温钢球溜槽。

吸收热量后的钢球温度为200~400℃，经过高温钢球溜槽输送，与经过污泥输送装置输送的污泥混合进入污泥干化装置内，污泥干化装置内壁同样设置泥、球推进机构（如螺旋抄板），钢球和污泥在泥、球推进机构（如螺旋抄板）作用下，一边混合干化一边往前输送，污泥干化达到设定的含水率后在污泥干化装置尾端的干泥排放装置排出。由干泥收集器收集后送入下方的干化污泥料仓，供后续资源化处理和利用，根据用户不同需求对干化后的污泥含水率进行设定，通过调整工艺参数可使干化后污泥含水率满足要求，污泥初始含水率为30%~95%，干化后污泥含水率能够达到3%~10%。

从污泥干化装置排出的钢球进入低温钢球溜槽，输送至钢球输送装置内，在重力及推动机构的推动作用下，钢球从钢球输送装置出口排出进入熔渣冷却处理装置的熔渣进料漏斗内，这样钢球的运动可以形成一个循环，反复利用。

6.2.3 耦合处理预期效果

本书所设计的耦合处理工艺以宝山基地冶金尘泥预处理中心的转炉OG泥和LT灰预处理线的烘干机为例，采用渣处理与污泥干化耦合系统，可节省干化能耗约为8150t/a标煤，经济效益超过800万元，其可作为钢铁污泥处理的标配技术在行业推广，大幅度降低了钢铁污泥处理过程的运行成本。

不仅于此，随着经济的发展和产业聚集，全球大多数钢厂都具有城市钢厂的特征，污泥钢渣耦合处理技术为城市与钢厂的融合提供了强有力的技术和产业支撑，从能量平衡角度，大约2t钢渣能干化1t污泥，仅以上海市为例，2014年污泥发生量大约100万吨左右，而同期宝钢宝山基地仅钢渣产量就超过220万吨，基本可以满足上海市污泥干化的全部能量需求。

由于熔渣的粒化和污泥的干化属于不同工艺腔，耦合处理后对钢渣和污泥的资源化提供了条件，尤其是对于有机污泥和生活污泥，在蓄热钢球的作用下更有利于裂解和资源化处置。

综上所述，污泥钢渣耦合处理工艺具有良好的经济效益和巨大的社会效益，不但解决了钢铁行业巨量钢渣余热的有效利用难题，而且对污泥的治理和资源化开辟了广阔前景，真正实现了以废治废、产城融合的可持续、绿色发展的循环经济模式，为城市钢厂的建设和发展提供了有力支撑。

7 结论及展望

针对钢铁渣余热回收和污泥干化的现状，本书提出了滚筒法污泥钢渣耦合处理的工艺方法，利用高温钢渣余热对高含水率污泥进行干化处理，可高效且低成本地同时解决上述两个行业难题，其潜在价值非常可观。

7.1 结论

本书建立了滚筒内污泥与渣运动过程模型、换热过程模型及水分蒸发过程数学模型，对滚筒内颗粒运动过程、换热过程及污泥干化过程进行了模拟分析，对实际污泥进行了理化性能分析、焙烧实验，并对污泥与钢渣耦合处理过程进行了中试实验。同时还开发了污泥与钢渣耦合处理仿真系统软件，对处理工艺进行了优化，并提出了污泥、钢渣耦合处理的工程化方案。主要结论如下：

（1）建立了污泥与钢渣耦合处理过程数学模型，包括物料运动、黏结及破碎过程数学模型、多尺寸颗粒系统传热模型（颗粒间导热过程模型、颗粒与气体对流换热模型、颗粒与气体及颗粒间辐射换热模型、冷却介质吸热模型、熔渣冲击过程换热及颗粒与壁面换热过程模型）、水分迁移及蒸发过程模型，为后续研究提供了理论基础。同时设计搭建了小型实验台，通过试验，研究了不同滚筒转速、钢球直径、污泥含水率、污泥处理量等情况下，钢球和流态化污泥的冷态混合状态（未考虑污泥干燥的影响）和热态混合状态（考虑污泥干燥的影响）下传热传质的行为和规律，验证了上述模型的有效性。

（2）基于所建立的数学模型对不添加冷却介质及添加冷却水情况下滚筒内钢渣和钢球的温度状况进行了模拟研究。模拟结果显示，在不添加冷却介质的情况下，随着时间的增加，钢渣温度逐渐下降，钢球温度逐渐升高。在壁面温度400℃情况下，炉渣降温十分缓慢，出口钢渣温度可达1300℃；钢球升温十分迅速。在添加冷却水的情况下，随着时间的增加，钢渣温度先快速下降然后逐渐趋于平稳，钢球温度先缓慢上升再快速上升最后逐渐趋于稳定；随着冷却水添加速率的增加，炉渣降温速率加快，钢球升温速率减慢，钢渣和钢球最终稳态温度都降低。达到稳态后，钢渣和钢球温度的波动不明显。

（3）基于所建立的数学模型对污泥与钢渣耦合处理情况下滚筒内污泥、钢渣和钢球的温度状况进行了模拟研究。模拟结果显示，在添加污泥浆的情况下，随着时间的增加，钢渣温度先逐渐下降然后出现小幅度上升，钢球温度先升高然后趋于平稳最后略微下降，泥球温度先快速升高然后逐渐下降最后趋于平稳；随着泥浆添加速率的增加，钢渣最终温度降低，温度回升幅度减小，泥球最终温度降低，温度变化幅度减小。

（4）对污泥物理性能、化学性能进行了详细分析，对污泥进行了热重实验与焙烧实验，并进行了污泥与钢渣耦合处理过程的中试实验。试验结果表明，污泥与钢渣经过滚筒的处理后，含铬污泥含水率由58%下降到20%，碱性污泥含水率由82%下降到3%。这说明滚筒干化污泥是可行的，并且在处理工业污泥方面与传统干化方式相比具有明显优势。

（5）基于所建立的污泥与钢渣在滚筒内耦合处理过程数学模型，对滚筒内部物料温度变化及污泥干燥等过程进行了模拟仿真。通过计算获得了三种典型工况下，污泥加入量、炉渣加入量、污泥温度、钢渣温度、钢球温度及污泥出口干基含水率等参数随时间的变化曲线，得到了在给定污泥初始含水率和处理时间情况下，不同钢渣加入量和污泥加入量与处理终了出口污泥含水率的关系曲线，以及在给定污泥初始含水率和最终目标含水率情况下，不同钢渣加入量和污泥加入量与所需最短处理时间的关系表。

（6）针对大工业生产的需求，提出了基于滚筒法的钢球环流式污泥与钢渣耦合处理的工程化方案。该方案由三段滚筒首尾衔接而成，分别承担钢渣的粒化、污泥的干化和钢球的循环，通过钢球在系统中的流转，钢球充当传热介质，分别实现熔渣快速冷却粒化和污泥干化。由于钢渣的处理和污泥的干化在两个工艺腔中进行，巧妙避开了渣泥分离的麻烦，而且为污泥处理提供了可能性，不但解决了钢铁行业巨量钢渣余热的有效利用难题，而且对污泥的治理和资源化开辟了广阔前景。

在上述研究结论的基础上，归纳出本书的主要创新点如下：

（1）首次提出了基于滚筒法的高温钢渣与污泥干化耦合处理的工艺思想和技术路线，建立了污泥与钢渣耦合处理过程数学模型并进行了验证，对耦合处理过程主要参数进行了模拟分析，揭示了滚筒内多尺度多介质（钢球、污泥和钢渣等）颗粒间碰撞、传热、水分蒸发与迁移变化的行为和规律。

（2）制定了利用高温钢渣余热用于污泥干化的工艺方案。基于模拟及实验研究得到了关键工艺参数包括渣球比、泥球比等在不同滚筒转速下的混合作用时间以及污泥含水量的变化规律，形成了高温钢渣与污泥干化耦合处理的新工艺。

（3）开发了钢球环流式污泥与渣耦合处理的核心工艺装备，对总体工艺流程、工程方案等进行了初步设计，制定了渣与污泥耦合处理过程的工艺步骤，分析了工艺方案的可行性，并对实施后的预期效果进行了评估，为污泥钢渣耦合处理工艺的工程化推广奠定了基础。

7.2　展望

钢渣作为转炉炼钢的副产物，是一种宝贵的二次资源，有必要从质热耦合的角度回收和资源化利用。协同处理是一种非常推荐的固废处理方式，推而广之，从钢渣到冶金渣，所有的冶金熔渣包括黑色和有色，其实都存在和其他工业固废协同处置的可行性。本书抛砖引玉，试图通过热态钢渣和污泥的耦合处理思路，启发更多的有志之士投身到以废治废的伟大事业中，这对我国的循环经济和低碳社会建设意义重大。

参考文献

[1] 宋强建，宁晓钧，张建良，等．中国钢铁工业能源消耗概述［C］// 第十一届中国钢铁年会论文集——S15. 能源与环保．中国金属学会，2017.

[2] 张寿荣，张卫东．中国钢铁企业固体废弃物资源化处理模式和发展方向［J］. 钢铁，2017，52（4）：1-6.

[3] 覃洁，阮积海．钢铁联合企业固体废物综合利用分析［J］. 环境工程，2011，29（5）：109-112.

[4] 罗晔，吴瑾，王超．韩国钢铁工业的固体废弃物回收再利用［J］. 中国冶金，2017，27（10）：76-80.

[5] 潘聪超，邸久海，庞建明，等．冶金窑炉内实现固体废弃物耦合处理的工艺［J］. 中国冶金，2018，28（3）：80-82.

[6] 程妍东，陶德，梁英，等．钢铁企业固体废弃物资源化利用浅析［J］. 北方环境，2011，23（3）：71-73.

[7] 宋海燕，牛建刚，崔宝霞．钢铁工业固体废弃物利用效益综合评价［J］. 钢铁，2017，52（2）：85-90.

[8] 牛福生，倪文，张晋霞，等．中国钢铁冶金尘泥资源化利用现状及发展方向［J］. 钢铁，2016，51（8）：1-5.

[9] 殷瑞钰．钢厂模式与工业生态链—钢铁工业的未来发展模式［J］. 钢铁，2003，38（z1）：1-7.

[10] 张寿荣．钢铁工业与技术创新［J］. 中国冶金，2005（5）：1-6.

[11] 刘智平．干熄焦技术及其应用［J］. 钢铁研究，2004，32（1）：58-62.

[12] Zhang H，Wang H，Zhu X，et al. A review of waste heat recovery technologies towards molten slag in steel industry［J］. Applied Energy，2013，112：956-966.

[13] Trpcevsk J，Piroskova J，Pertik J，et al. Alternative binding materials for the briquettes production from the metallurgical wastes［J］. Metall，2015，69（4）：134-138.

[14] Lobato N C C，Villegas E A，Mansur M B. Management of solid wastes from steelmaking and galvanizing processes：A brief review［J］. Resources，Conservation and Recycling，2015，102：49-57.

[15] Du C，Gao X，Kitamura S. Measures to Decrease and Utilize Steelmaking Slag［J］. Journal of Sustainable Metallurgy，2019，5（1）：141-153.

[16] Kasai E，Kitajima T，Akiyama T，et al. Rate of Methane-steam Reforming Reaction on the Surface of Molten BF Slag. For Heat Recovery from Molten Slag by Using a Chemical Reaction.［J］. ISIJ International，1997，37（10）：1031-1036.

[17] Maruoka N，Mizuochi T，Purwanto H，et al. Feasibility Study for Recovering Waste Heat in the Steelmaking Industry Using a Chemical Recuperator［J］. ISIJ International，2004，44（2）：257-262.

[18] 刘宏雄．利用高炉熔渣作热载体进行煤气化的探讨［J］. 节能，2004（6）：41-43.

[19] Rowe D M. Thermoelectric waste heat recovery as a renewable energy source［J］. International Journal of Innovations in Energy Systems and Power，2006，1（1）：13-23.

[20] Agarwal G，Speyer R F. Devitrifying cupola slag for use in abrasive products［J］. Jom Journal

of the Minerals Metals & Materials Society，1992，44（3）：32-37.
[21] Goktas A. Manufacture and Properties of Slag-based Transparent glass and Light Coloured Glass-ceramic [C]. Second International Ceramics Congress，1994：405-413.
[22] 王高敏．污泥过热蒸汽搅拌干燥机及两级联合干燥系统设计 [D]. 南昌：南昌航空大学，2017.
[23] 王兴润，金宜英，聂永丰．国内外污泥热干燥工艺的应用进展及技术要点 [J]. 中国给水排水，2007（8）：5-8.
[24] Vaxelaire J，Bongiovanni J M，Mousques P，et al. Thermal drying of residual sludge [J]. Water Research，2000，34（17）：4318-4323.
[25] 尹军．污水污泥处理处置与资源化利用 [M]. 北京：化学工业出版社，2005.
[26] 王磊．城市生活污泥干化方法研究 [D]. 南昌：合肥工业大学，2010.
[27] Senadeera W，Bhandari B R，Young G，et al. Influence of shapes of selected vegetable materials on drying kinetics during fluidized bed drying [J]. Journal of Food Engineering，2003，58（3）：277-283.
[28] 刘相东，杨彬彬．多孔介质干燥理论的回顾与展望 [J]. 中国农业大学学报，2005，10（4）：81-92.
[29] 潘永康，王喜忠，刘相东．现代干燥技术 [M]. 2 版．北京：化学工业出版社，2007.
[30] 陈登宇．干燥和烘焙预处理制备高品质生物质原料的基础研究 [D]. 北京：中国科学技术大学，2013.
[31] Crank J. The mathematics of diffusion [M]. New York：Oxford University Press，1975.
[32] Chen G，Lock Yue P，Mujumdar A S. Sludge dewatering and drying [J]. Drying Technology，2002，20（4-5）：883-916.
[33] Vaxelaire J，Cézac P. Moisture distribution in activated sludges：a review [J]. Water Research，2004，38（9）：2215-2230.
[34] Reyes A，Eckholt M，Troncoso F，et al. Drying kinetics of sludge from a wastewater treatment plant [J]. Drying Technology，2004，22（9）：2135-2150.
[35] Kudra T，Efremov G I. A quasi-stationary approach to drying kinetics of fluidized particulate materials [J]. Drying Technology，2003，21（6）：1077-1090.
[36] Efremov G. Analytical solution of equation of diffusion for process of convective drying of flat materials [C]. Proceeding of 11th International Drying Symposium（Drying'98），1998.
[37] 姜瑞勋．污泥低温薄层干燥及污染物析出特性研究 [D]. 大连：大连理工大学，2008.
[38] 刘凯．污泥干燥和热重实验及动力学模型分析 [D]. 广州：华南理工大学，2011.
[39] 刘凯，马晓茜，肖汉敏．造纸污泥薄层干燥实验及动力学模型分析 [J]. 燃料化学学报，2011，39（2）：149-154.
[40] Thuwapanichayanan R，Prachayawarakorn S，Soponronnarit S. Drying characteristics and quality of banana foam mat [J]. Journal of Food Engineering，2008，86（4）：573-583.
[41] Celmaa A R，López-Rodríguez F. Convective drying characteristics of sludge from treatment plants in tomato processing industries [J]. Food and Bioproducts Processing，2012，90（2）：224-234.
[42] Da Silva W P，Da Silva C M D P，Da Silva L D，et al. Drying of clay slabs during the falling rate period：optimization and simulation of the process using diffusion models [J]. Journal of

Materials Science Research，2013，2（2）：1-10.

［43］Bennamoun L，Crine M，Léonard A. Convective drying of wastewater sludge：Introduction of shrinkage effect in mathematical modeling［J］. Drying Technology，2013，31（6）：643-654.

［44］马怡光．城市污泥过热蒸汽干燥试验研究［D］. 南昌：南昌航空大学，2013.

［45］张绪坤，苏志伟，王学成，等．污泥过热蒸汽与热风薄层干燥的湿分扩散系数和活化能分析［J］. 农业工程学报，2013，29（22）：226-235.

［46］张绪坤，孙瑞晨，王学成，等．污泥过热蒸汽薄层干燥特性及干燥模型构建［J］. 农业工程学报，2014（14）：258-266.

［47］张绪坤，姚斌，苏志伟，等．城市污泥过热蒸汽与热风干燥特性［J］. 环境工程学报，2015，9（10）：5049-5054.

［48］张绪坤，刘胜平，吴青荣，等．污泥低温干燥动力学特性及干燥参数优化［J］. 农业工程学报，2017，33（17）：216-223.

［49］张绪坤，姚斌，吴起，等．用傅里叶数与优化法分析污泥过热蒸汽干燥有效扩散系数［J］. 农业工程学报，2015，31（6）：230-237.

［50］吴起．基于傅里叶数法与优化法的污泥过热蒸汽干燥有效扩散系数研究［D］. 南昌：南昌航空大学，2015.

［51］张绪坤，王高敏，温祥东，等．基于图像处理的过热蒸汽与热风干燥污泥收缩特性分析［J］. 农业工程学报，2016，32（19）：241-248.

［52］温祥东．污泥过热蒸汽与热风干燥收缩特性研究［D］. 南昌：南昌航空大学，2016.

［53］郑龙，伍健东，周兴求，等．低温低湿条件下污泥干燥动力学特性研究［J］. 安全与环境学报，2016（5）：275-279.

［54］Palipane K B，Driscoll R H. The thin-layer drying characteristics of macadamia in-shell nuts and kernels［J］. Journal of Food engineering，1994，23（2）：129-144.

［55］Tütüncü M A，Labuza T P. Effect of geometry on the effective moisture transfer diffusion coefficient［J］. Journal of Food Engineering，1996，30（3）：433-447.

［56］Yaldýz O，Ertekýn C. Thin layer solar drying of some vegetables［J］. Drying Technology，2001，19（3-4）：583-597.

［57］Taheri-Garavand A，Rafiee S，Keyhani A. Study on effective moisture diffusivity，activation energy and mathematical modeling of thin layer drying kinetics of bell pepper［J］. Australian Journal of Crop Science，2011，5（2）：128-135.

［58］Madamba P S，Driscoll R H，Buckle K A. The thin-layer drying characteristics of garlic slices［J］. Journal of Food Engineering，1996，29（1）：75-97.

［59］Erenturk S，Gulaboglu M S，Gultekin S. The thin-layer drying characteristics of rosehip［J］. Biosystems Engineering，2004，89（2）：159-166.

［60］Babalis S J，Papanicolaou E，Kyriakis N，et al. Evaluation of thin-layer drying models for describing drying kinetics of figs（Ficus carica）［J］. Journal of Food Engineering，2006，75（2）：205-214.

［61］Sacilik K，Elicin A K. The thin layer drying characteristics of organic apple slices［J］. Journal of Food Engineering，2006，73（3）：281-289.

［62］Vaxelaire J，Bongiovanni J M，Mousques P，et al. Thermal drying of residual sludge［J］.

Water Research, 2000, 34 (17): 4318-4323.

[63] 李爱民，曲艳丽，杨子贤，等．污水污泥干燥过程中表观形态变化及水分析出特性 [J]. 化工学报，2004 (6): 1011-1015.

[64] 马学文．城市污泥干燥特性及工艺研究 [D]. 杭州：浙江大学，2008.

[65] 马学文，翁焕新．温度与颗粒大小对污泥干燥特性的影响 [J]. 浙江大学学报（工学版），2009，43 (9): 1661-1667.

[66] 马学文，翁焕新，章金骏．颗粒状污泥的干燥特性及表观变化 [J]. 环境科学，2011，32 (8): 2358-2364.

[67] 马学文，翁焕新，章金骏．不同形状污泥干燥特性的差异性及其成因分析 [J]. 中国环境科学，2011，31 (5): 803-809.

[68] 吴静．城市污水污泥干燥特性及转筒干燥过程研究 [D]. 济南：山东大学，2010.

[69] 张兆龙．市政污泥低温热干化特性及废气成分检测研究 [D]. 北京：首都师范大学，2014.

[70] 张兆龙，朱芬芬，宫辉力，等．北京城市污泥大颗粒低温热干化效率研究 [J]. 安全与环境学报，2015，15 (6): 185-190.

[71] 吴青荣，张绪坤，王高敏，等．用 Weibull 函数分析单粒莲子热风干燥的水分扩散系数和活化能 [J]. 食品科技，2017，42 (3): 103-108.

[72] 张绪坤，王高敏，姚斌，等．单粒莲子热风干燥特性及其干燥动力学 [J]. 现代食品科技，2017，33 (4): 141-148.

[73] Henein H, Brimacombe J K, Watkinson A P. An experimental study of segregation in rotary kilns [J]. Metallurgical Transactions B, 1985, 16 (4): 763-774.

[74] Mellmann J. The Transverse Motion of Solids in Rotating Cylinders—Forms of Motion and Transition Behaviour [J]. Powder Technology, 2001, 118 (3): 251-270.

[75] 张立栋，李连好，秦宏，等．多粒径颗粒在圆形偏心滚筒内的运动混合 [J]. 化工进展，2017 (2): 451-456.

[76] Qi H, Xu J, Zhou G, et al. Numerical investigation of granular flow similarity in rotating drums [J]. Particuology, 2015, 22: 119-127.

[77] Wachs A, Girolami L, Vinay G, et al. Grains3D, a flexible DEM approach for particles of arbitrary convex shape: Part Ⅰ: Numerical model and validations [J]. Powder Technology, 2012, 224: 374-389.

[78] 张立栋，李连好，程硕，等．颗粒在圆形偏心滚筒内的运动模式 [J]. 化工进展，2015 (9): 3244-3247.

[79] Lacey P M C. Developments in the theory of particle mixing [J]. Journal of Applied Chemistry, 1954, 4 (5): 257-268.

[80] Rose H E. A suggested equation relating to the mixing of powders and its application to the study of the performance of certain types of machine [J]. Trans. Instn Chem. Engrs, 1959, 37 (4): 1-15.

[81] Legoix L, Gatumel C, Milhé M, et al. Powder flow dynamics in a horizontal convective blender: Tracer experiments [J]. Chemical Engineering Research and Design, 2017, 121: 1-21.

[82] Xiao X, Tan Y, Zhang H, et al. Experimental and DEM studies on the particle mixing

performance in rotating drums: Effect of area ratio [J]. Powder Technology, 2017, 314: 182-194.

[83] Hill K M, Gioia G, Amaravadi D, et al. Moon patterns, sun patterns, and wave breaking in rotating granular mixtures [J]. Complexity, 2005, 10 (4): 79-86.

[84] Schutyser M A I, Padding J T, Weber F J, et al. Discrete particle simulations predicting mixing behavior of solid substrate particles in a rotating drum fermenter [J]. Biotechnology and Bioengineering, 2001, 75 (6): 666-675.

[85] Kwapinska M, Saage G, Tsotsas E. Mixing of particles in rotary drums: A comparison of discrete element simulations with experimental results and penetration models for thermal processes [J]. Powder Technology, 2006, 161 (1): 69-78.

[86] Zuriguel I, Peixinho J, Mullin T. Segregation pattern competition in a thin rotating drum [J]. Physical Review E Statistical Nonlinear & Soft Matter Physics, 2009, 79 (5 Pt 1): 51303.

[87] 耿凡，徐大勇，袁竹林，等．滚筒干燥器中颗粒混合运动的三维数值模拟 [J]. 应用力学学报，2008 (3): 529-534.

[88] 耿凡，徐大勇，袁竹林，等．滚筒干燥器中杆状颗粒混合特性的三维数值模拟 [J]. 东南大学学报（自然科学版），2008 (1): 116-122.

[89] 耿凡，袁竹林，孟德才，等．球磨机中颗粒混合运动的数值模拟 [J]. 热能动力工程，2009 (5): 623-629.

[90] 高红利，陈友川，赵永志，等．薄滚筒内二元湿颗粒体系混合行为的离散单元模拟研究 [J]. 物理学报，2011, 60 (12): 325-332.

[91] 高红利，赵永志，刘格思，等．阻尼对水平滚筒内二元颗粒体系径向分离模式形成的影响 [J]. 物理学报，2011 (7): 458-464.

[92] Chand R, Muniandy S V, Wong C S, et al. Discrete element method study of shear-driven granular segregation in a slowly rotating horizontal drum [J]. Particuology, 2017, 32: 89-94.

[93] Gui N, Yang X, Tu J, et al. Numerical simulation of tetrahedral particle mixing and motion in rotating drums [J]. Particuology, 2018, 39: 1-11.

[94] Liao C. Effect of dynamic properties on density-driven granular segregation in a rotating drum [J]. Powder Technology, 2019, 345: 151-158.

[95] He S Y, Gan J Q, Pinson D, et al. Particle shape-induced radial segregation of binary mixtures in a rotating drum [J]. Powder Technology, 2019, 341: 157-166.

[96] Kramers H, Croockewit P. The passage of granular solids through inclined rotary kilns [J]. Chemical Engineering Science, 1952, 1 (6): 259-265.

[97] Revol D, Briens C L, Chabagno J M. The design of flights in rotary dryers [J]. Powder Technology, 2001, 121 (2-3): 230-238.

[98] 黄志刚．转筒式干燥器直角抄板的模拟计算 [J]. 北京工商大学学报（自然科学版），2003 (2): 56-58.

[99] Puyvelde D R V. Modelling the hold up of lifters in rotary dryers [J]. Chemical Engineering Research & Design, 2009, 87 (2): 226-232.

[100] Friedman J, Marshall W R. Studies in rotary drying. Part 1: Holdup and dusting [J]. Chemical Engineering Progress, 1949, 45 (8): 482-493.

[101] Sheehan M E, Britton P F, Schneider P A. A model for solids transport in flighted rotary

dryers based on physical considerations [J]. Chemical Engineering Science, 2005, 60 (15): 4171-4182.

[102] Britton P F, Sheehan M E, Schneider P A. A physical description of solids transport in flighted rotary dryers [J]. Powder Technology, 2006, 165 (3): 153-160.

[103] 李爱民，李水清，严建华，等. 固体废弃物在回转窑内停留时间的试验研究 [J]. 化学反应工程与工艺，2002 (2): 152-157.

[104] Sai P, Surender G D, Damodaran A D, et al. Residence time distribution and material flow studies in a rotary kiln [J]. Metallurgical Transactions B, 1990, 21 (6): 1005-1011.

[105] Li S, Yao Q, Chen B, et al. Molecular dynamics simulation and continuum modelling of granular surface flow in rotating drums [J]. Chinese Science Bulletin, 2007, 52 (5): 692-700.

[106] Chatterjee A, Sathe A V, Srivastava M P, et al. Flow of materials in rotary kilns used for sponge iron manufacture: Part Ⅰ. Effect of some operational variables [J]. Metallurgical Transactions B, 1983, 14 (3): 375-381.

[107] Ding Y L, Seville J, Forster R, et al. Solids motion in rolling mode rotating drums operated at low to medium rotational speeds [J]. Chemical Engineering Science, 2001, 56 (5): 1769-1780.

[108] Spurling R J, Davidson J F, Scott D M. The no-flow problem for granular material in rotating kilns and dish granulators [J]. Chemical Engineering Science, 2000, 55 (12): 2303-2313.

[109] Geng F, Wang Y, Li Y, et al. Numerical simulation on mixing dynamics of flexible filamentous particles in the transverse section of a rotary drum [J]. Particuology, 2013, 11 (5): 594-600.

[110] 顾丛汇，张超，张鑫，等. 散体颗粒在滚筒内运动特性的实验研究与数值模拟 [J]. 东南大学学报（自然科学版），2015 (3): 491-496.

[111] Zhou Z, Li J, Zhou J, et al. Enhancing mixing of cohesive particles by baffles in a rotary drum [J]. Particuology, 2016, 25: 104-110.

[112] 许国良，杨金国，钱壬章. 流化床煤燃烧与气化过程中的辐射换热 [J]. 燃烧科学与技术，1997 (1): 73-79.

[113] 刘安源，刘石. 流化床内颗粒碰撞传热的理论研究 [J]. 中国电机工程学报，2003, 23 (3): 161-165.

[114] 武锦涛. 移动床中固体颗粒运动与传热的研究 [D]. 杭州：浙江大学，2005.

[115] 司小东，吕俊复，王巍，等. 滚筒冷渣器传热模型的研究 [J]. 动力工程学报，2011, 31 (5): 342-346.

[116] 卜昌盛，陈晓平，刘道银，等. 基于颗粒尺度的离散颗粒传热模型 [J]. 化工学报，2012, 63 (3): 698-704.

[117] 张瑞卿. 涵盖不同流型的气固床层与壁面换热研究 [D]. 北京：清华大学，2014.

[118] 贾建东. 滚筒冷渣器灰渣运动与传热分析研究 [D]. 太原：中北大学，2016.

[119] 吴浩，桂南，杨星团，等. 稠密颗粒系统辐射换热算法研究 [J]. 工程热物理学报，2017 (12): 2630-2635.